U0896064

二战经典
THE WORLD WAR II

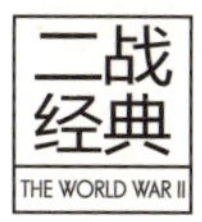

Secret Weapons in World War II

第二次世界大战秘密武器

陈渠兰　编著

第二次世界大战中，美国在日本的长崎、广岛投下两颗原子弹，
无数平民被夺去生命……
这些新式武器的出现，极大地改变了战争进程，乃至战争的最终结局。
武器一生气，后果很严重！

WUHAN UNIVERSITY PRESS
武汉大学出版社

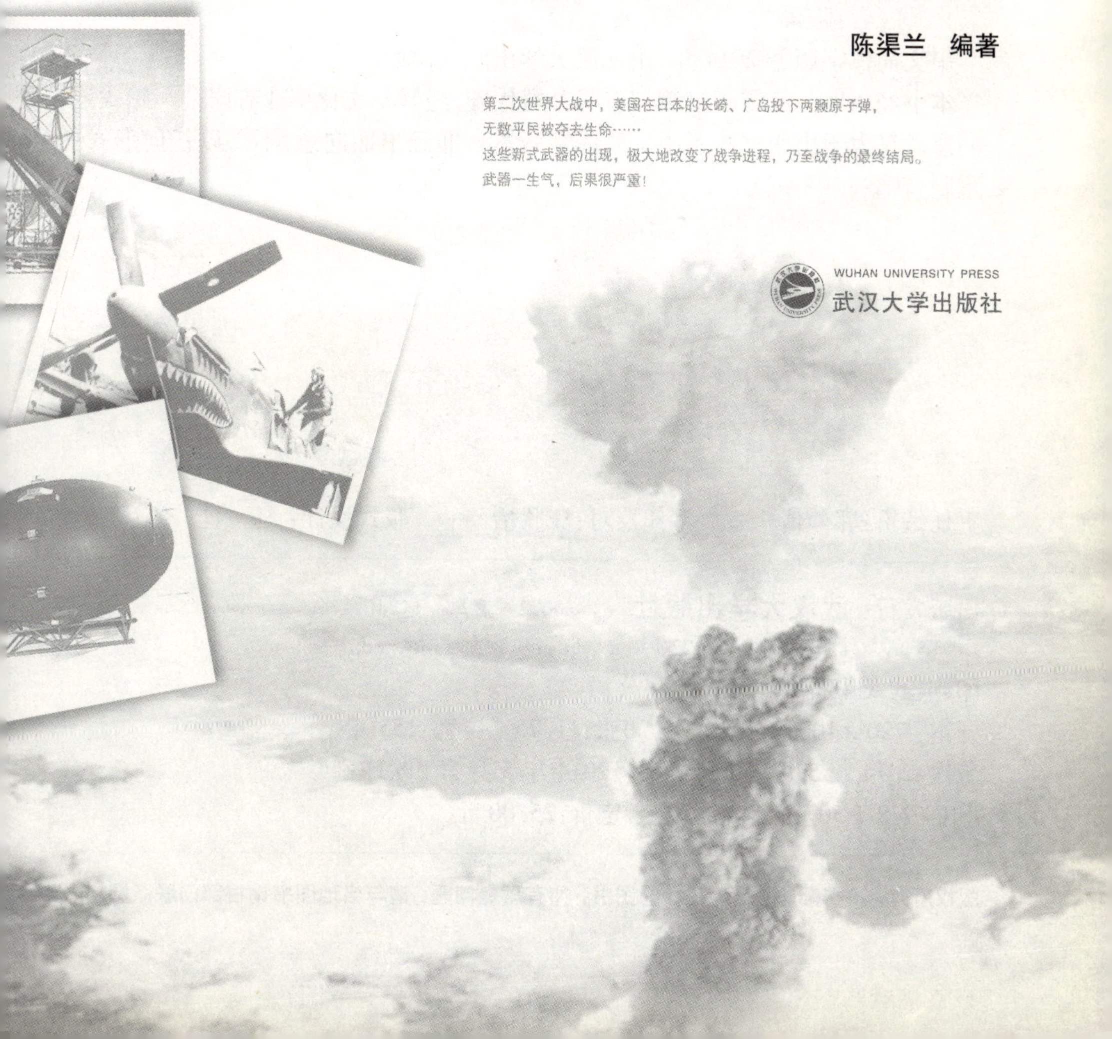

图书在版编目(CIP)数据

第二次世界大战秘密武器/陈渠兰编著.—武汉：武汉大学出版社，2014.5

ISBN 978-7-307-12888-0

Ⅰ.第…　Ⅱ.陈…　Ⅲ.第二次世界大战—武器—研究　Ⅳ.E92

中国版本图书馆 CIP 数据核字(2014)第 043324 号

原著作名:《二次世界大战的秘密武器》
原出版社:驿站文化事业有限公司
作　　者:陈渠兰
中文简体字版© 2014 年,由武汉大学出版社出版。
本书经由厦门凌零图书策划有限公司代理,经驿站文化事业有限公司正式授权,同意武汉大学出版社出版中文简体字版本。非经书面同意,不得以任何形式任意重制、转载。

责任编辑:郭　倩　　　责任校对:汪欣怡　　　版式设计:马　佳

出版发行:**武汉大学出版社**　(430072　武昌　珞珈山)
(电子邮件:cbs22@whu.edu.cn　网址:www.wdp.com.cn)
印刷:武汉中科兴业印务有限公司
开本:720×1000　1/16　印张:11.75　字数:155 千字
版次:2014 年 5 月第 1 版　2014 年 5 月第 1 次印刷
ISBN 978-7-307-12888-0　定价:25.00 元

前言

“不管武器的口径多么小，也不管武器数量多么少，要始终用火力支持步兵进攻。”

“数量居劣势之军，可以采取更多地使用自动武器或者更加迅速地发扬火力的方式压倒数量居优势之敌。”

“不管是攻还是防守，都要尽量靠前配置自动武器。”

“火力越强，工事越深，伤亡越小。”

以上精辟的言语，都出自一个人；他就是第二次世界大战时期，德国著名的军事家，大名鼎鼎的“沙漠之狐”——隆美尔元帅。

第二次世界大战以纳粹德国的灭亡而告终。不过，当代的人们并没有“以成败论英雄”的毛病，隆美尔虽为败军之将，却以自己杰出的军事才华，令众人发自内心地敬仰。从隆美尔的这些言语中，我们可以发现，这位善于打仗的元帅，非常重视部队的武器装配。

其实，不仅仅是隆美尔，古往今来，很多名将都不约而同地认为，要打赢一场战争，先进的武器是极为重要的元素。回头看看历史，我们发现，在每一场引起历史大转折的战争中，无不出现过当时世界上最先进的武器！例如第一次世界大战，凡尔登绞肉机——坦克的出现，不但推动了整个战争的进程，还决定了大量坦克的拥有者，成为最后的赢家。

那么，第二次世界大战中又是怎样的情景呢？事实上，在第二次世界大战期间，无论是纳粹国家如德国、日本，还是同盟国如英国、美国，无不花费了大量的人力物力，秘密地研制出各种各样、令人眼花缭乱的武器，其花样之多，用途之奇特，威力之大，常常让人觉得匪夷所思。

一九四三年九月，盟军派出大量轰炸机，飞往德国的史瓦因福特地区，执行轰炸德国所拥有的欧洲最大的轴承厂的任务。在行动中，盟军飞行员们飞行生涯中最大的噩梦开始了。当轰炸机群飞到轴承厂上空时，空中突然出现了一些闪闪发光的大型圆盘飞行物。它们以惊人的速度从盟军的飞机面前掠过，紧接着，盟军的飞机引擎突然熄火，无线电也开始失灵，此后，便纷纷失去控制，坠毁落地。盟军伤亡极其惨重。

此后，盟军的空军频频遭遇那些诡异的飞行器。于是，欧洲上空传出令人恐怖的消息：德国人的秘密武器开始突袭同盟国的空军！一时之间，盟军阵营内人心惶惶。据说，盟军的空中战区指挥官下令对这些“幽灵”般的飞行器开火，却一败涂地。英、美空军对此束手无策，美国空军还将其列为机密档案，代号“幽灵”。

一直到第二次世界大战结束，随着一大批纳粹德国的军事机密数据的揭秘，“幽灵”才开始露出了冰山一角。原来，这些神秘的飞行器竟与后来人们经常提及的UFO非常相似，而它们正是希特勒的秘密武器——“别隆采圆盘”。飞机呈碟状，拥有六对引擎，武器系统采用的则是电磁脉冲装置。从一九四三年到一九四五年德国投降前，“别隆采圆盘”共出了三种款式，其中最出色的就是出现在轴承厂的那一种。

其实，在第二次世界大战中，人们绞尽脑汁所开发出来的各种武器实在是不胜枚举。如雷达干扰系统、原子弹、火箭等。公正地说，这些武器的出现，极大地改变了战争的进程，甚至是决定了战争的最终结局。因此，研究第二次世界大战，就必须要研究第二次世界大战中出现的武器。本书就将为你一一叙述这些武器的故事！

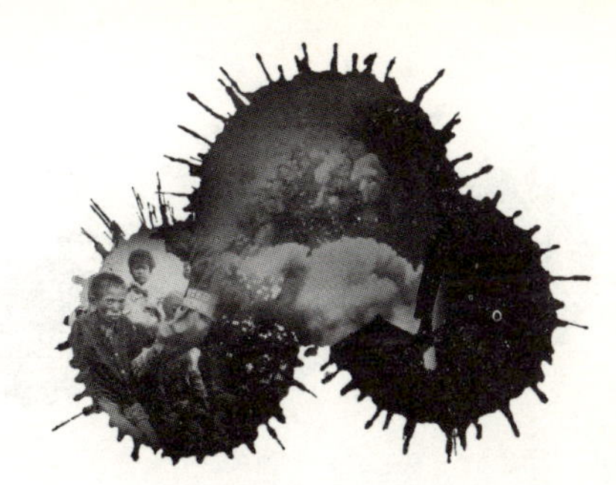

目录

第一章 空中特洛伊

在一九四〇年五月十日的凌晨，比利时东部上演了一场让人瞠目结舌的现代版『特洛伊木马夺城记』。

这次战争由纳粹德国发动，他们的攻击目标是被称为『欧洲最坚固要塞』的艾美尔要塞。此地有此称谓绝对不是夸大其词，在这个举世闻名的要塞里，不仅驻扎有一千二百名比利时守军，还配备了大量不同口径的火炮和机枪。

而在这次战争中，进攻方德军无论从士兵数量还是从武器装备方面来说，都处于劣势。当时，德国只派出了一个空降营，士兵仅仅随身携带了一些轻武器。然而，由于德军的空降营出其不意地降落在要塞最薄弱的顶部，结果德国人只以亡六人、伤十九人的很小代价，便轻轻松松地击溃比利时守军，控制了整个要塞。

德国人如何能如此轻而易举地取得胜利？秘密在于德军采用了一种类似『特洛伊木马』的运载工具；它来自空中，德国士兵就是依靠它突然出现在毫无防备的比利时军人面前。这个秘密武器就是 DFS230 轻型突击滑翔机。

乌德特的慧眼

DFS230 轻型突击滑翔机的发明，来源于人们对飞翔的梦想。人类从自己的“童年”开始，就对神秘的天空充满了好奇与憧憬。在世界各个民族、各个国家的神话故事中，人们都在编织着上天的美梦。

随着人类文明的发展，到了十九世纪，在莱特兄弟发明动力飞机之前，一些科技先驱者就已经尝试着披上类似鸟儿翅膀结构的扑翼，进行滑翔飞行。以现在的眼光来看，这种大胆的方式近似自杀，显得愚不可及，但正是这些先驱者们的冒险，才开创了人类辉煌的航空史。

一八九一年，德国著名航空学家奥托·李林泰（Otto Lilienthal）制造出世界上第一架固定翼滑翔机。在其后五年中，他又先后设计并制造出五种单翼滑翔机和两种双翼滑翔机。一八九六年八月九日，在一次滑翔机飞行试验时，李林泰不幸坠落身亡。临死前，他留下的最后一句话是——“必须有人为此牺牲。”正是李林泰的滑翔机试验，为后来莱特兄弟发明飞机奠定了基础，因此，后来李林泰被人们尊称为“滑翔机之父”。

李林泰还让人们认识到：即使没有发动机，仅仅依靠风力和重力，人类也能进行飞行。大家知道，动力飞机是在牵引力、空气阻力、升力和重力四种力的共同作用下，在空中飞行。这四种力有着不同的作用，如发动机产生的牵引力克服空气产生的阻力，使飞机向前运动；而机翼下气流产生的升力克服飞机自身的重力，使飞机向上运动。

其实，滑翔机在由牵引机拖曳时的飞行原理和动力飞机是相同的，牵引力来自牵引机。当牵引绳索断开后，“滑翔机就会像冲下山坡的汽车，以一定的倾斜角度下滑。此时，一部分重力转化为牵引力，滑翔机开始真正意义上的滑翔飞行”。《意大利滑翔机技术史》作者维托里奥·帕伊诺（Vittorio Pajno）对此做了准确描述。

事实上，滑翔机飞行时的牵引力是由滑翔机自身的重量和飞行所处的高度产生的势能决定，势能最终会被消耗殆尽。

整体来说，滑翔机的飞行轨道是向下倾斜的，研究表明它是由升力与空气阻力的比值即升阻比决定的。其值表示滑翔过程中前进距离与所处高度之间的关联。例如，一架升阻比为 10：1 的飞机在一千公尺高空熄火，则它在到达地面之前将滑翔十公里远的距离。

一九三二年，罗恩·罗斯济登（Rhoen-Rossiter-Gesselschaft）航空研究所的两位博士亚历山大. 李比希（Alexander Lippisch）和沃尔特. 乔治二世（Walter Georg II）合作设计了一种被称作 OBS 的滑翔机。这是一种长机翼滑翔机，用作气象观测，滑翔机能够装载两名气象观测员和必要的观测仪器。这种滑翔机在牵引机的拖曳下，利用强烈的上升气流升至高空，进行气象观测。

OBS 诞生以后，一直被用于气象观测。在大多数人眼里，它

只是一种普通的民用滑翔机。但是，有一个人却慧眼识英雄，发现了 OBS 滑翔机潜在的军事用途，他就是第一次世界大战中的德军王牌飞行员恩斯特·乌德特（Ernst Udet）。

乌德特在观看了 OBS 滑翔机的飞行后，立刻意识到这种滑翔机有着巨大的潜在军事价值，它既可以把士兵直接送到作战地点，又可以给处于孤立无援之境的部队运送弹药和物资。于是，乌德特迅速向他昔日的战友，德意志帝国航空部（简称 RLM，德国纳粹空军前身）罗伯特·李特·范·葛雷姆（Robert Ritter von Greim）将军推荐了 OBS 滑翔机。自此，OBS 滑翔机得到德国军方的高度关注。

一九三三年，在格里斯海姆（Griesheim），德国军方专门组建了德国滑翔机研究所（DFS），OBS 滑翔机就是这一研究所成立之初的重点研究对象。后来，DFS 还把研究范围扩大到运输机甚至火箭。

在第二次世界大战期间，正是 DFS 的技术储备，使德国能够创造出像 Me163“彗星”（前身是 DFS194 滑翔机）这类科技超前的飞行器。后来，那些曾在 DFS 工作的顶尖科技人员大多都在德国航空界有着不小的成就，其中包括德国著名女飞行员汉纳·莱契（Hanna Reitsch）。汉纳最早驾驶 OBS 滑翔机，在容克斯 Ju52/3M 型运输机的拖曳下，成功地进行了试飞。

斯徒普特的奇想

一九三六年九月，在苏联的明斯克（Minsk）附近，一批德

国高级军官以观察员的身份参加了苏联红军举行的一次空降作战演习。

在演习中，苏军利用TB-3重型轰炸机，运载了一千五百名伞兵进行空降；同时，苏军还在轰炸机的炸弹舱挂载了大量卡车和轻型装甲车，一同进行了伞降。在顺利占领着陆场以后，满载着弹药和战争补给物资的大批滑翔机依次着陆，为空降部队提供后续支持。

整个空降演习非常成功，苏军的大胆创举给德国军官们留下了深刻印象，这其中包括日后德军空降部队的司令柯特·斯徒登特（Kurt Student）将军。

斯徒登特回到德国以后，在苏军空降部队对滑翔机应用的基础上，提出了直接利用滑翔机运送作战部队进行突击空降的设想。这种看似突发奇想的构思与已经担任德国空军技术总监的乌德特的观点不谋而合。乌德特在斯徒登特的支持下，进一步提出了“突击滑翔机”的概念，并引申出利用滑翔机在敌后降落进行突袭的战术。

斯徒登特与乌德特的构想引起了纳粹元首希特勒的极大关注，他对突击滑翔机很感兴趣，并寄予了厚望。希特勒希望能通过这种运载工具，采用类似特洛伊木马一样的方式，将大批部队神不知鬼不觉地送到敌人的后方，发动突然的致命袭击。于是，德国军方在希特勒的授意下，很快命令DFS，要求尽快研制出一种能够用于战争的突击滑翔机。

突击滑翔机的设计工作交由DFS的设计师汉斯·雅各布（Hans Jacob）负责。在设计期间，这个计划一直处于高度机密状态。突击滑翔机的型号被定为“DFS230”。雅各布和设计小组在整个设计过程中，参阅了大量的关于OBS滑翔机的数据和试飞记

录。经过雅各布等人的努力，在一九三七年，三架 DFS230 的原型机终于完工，并分别被命名为“DFS230V1、V2 和 V3”。

DFS230 是一种轻型的突击滑翔机，它的结构秉承了传统的滑翔机布局方式，采用高单翼加翼下支撑的混合式结构。机身的横截面近似矩形，骨架则由钢管焊接而成，表面覆以亚麻材料制成的蒙皮，制造成本十分低廉，能够大量地投入生产。考虑到将来生产教练机型的需要，在设计时，原型机还留有安装两套操纵装置的空间。除了正副两名驾驶员以外，DFS230 还能运载八名全副武装的空降兵。它最大的起飞重量是二点一吨，自身重量为九百公斤。如果想要把这种滑翔机用于货运，则可将机身内的座椅拆除，最大物资运载重量为一吨。在机身后方左侧，开有一扇较大的舱门，空降兵可以从此处迅速跳下滑翔机。为了减轻重量，DFS230 的双轮式起落架在起飞后就会被抛弃，在着陆时，滑翔机就得完全依靠机腹坚固的金属滑橇。

最初，DFS230 的所有试飞全部由容克斯 Ju52/3M 型运输机担任牵引机。后来，人们又逐步试验了多种型号的牵引机，如 He46、He72、Hs126 双翼机，甚至还包括 Ju87B“斯图卡”俯冲轰炸机。

一九三七年，DFS230 原型机通过了德国军方的测试，交由哥达车辆制造厂（Gothaer Waggon Fabrik，以下简称 GWF）负责批量生产工作。首批预生产型为 DFS230A-0 型。从一九三八年到一九三九年间，先后有二十八架 DFS230A-0 型突击滑翔机被交付给隶属于德国空军的第七空降师。这个师成立了一个由基思（Keith）少尉领导的突击滑翔机指挥部，专门负责利用 DFS230A-0 型滑翔机进行演练，摸索滑翔机机降作战战术。

德国军方在经过多次演练后得出结论，要突袭一个范围较小的战术目标的时候，利用 DFS230 轻型突击滑翔机实施机降比使用降落伞进行伞降具有更大的优势。在使用伞降方式的时候，在从空中缓缓飘落到地面的过程中，伞兵需要很长的时间，因此容易处于被动挨打状态，进而造成较大的伤亡。另一方面，即使伞兵能够平安着陆，也会因为降落地点分散而难以快速有效地集结形成战斗力。此外，伞兵还必须卸除降落伞、寻找分开投放的武器装备，这期间花费的时间相当长，容易贻误战机，使得突袭的效果大打折扣。

而使用 DFS230 滑翔机时情况就完全不一样了。首先，经过多年的培训，德国已经拥有众多的优秀的滑翔机驾驶员。他们可以非常准确地操纵 DFS230 滑翔机降落在目标附近二十米之内的范围。一旦成功着陆，全副武装的空降兵就可以立即跳出滑翔机，迅速投入战斗。另外，这种突击滑翔机没有发动机产生的噪音，如果在夜间发动攻击，就可以在敌人完全没有察觉的情况下悄悄地抵达目标地区，进而达到几乎完美的奇袭效果。

DFS230的发展

由于 DFS230 突击滑翔机存在如此巨大的军事价值，一九四〇年初，在 DFS230A-0 型滑翔机得到德国军方的认可以后，由 GWF 牵头，多家德国飞机制造厂参与生产了第一种量产型 DFS230A-1 型滑翔机，很快地，DFS230A-1 型滑翔机成为了德国空军的标准轻型突击滑翔机。同时，纳粹德军的第一支滑翔机机降部队——第一滑翔机突击团第一营组建，并开始接收DFS230A-1

型滑翔机。一九四〇年年底，该团的另外三个营也相继组建而成，全团总共接受了四百五十五架 DFS230 滑翔机。

在投入实战以后，DFS230A-1 型滑翔机暴露出了两个严重问题：着陆距离太长和缺乏自卫能力。这使得在飞行和着陆过程中，DFS230A-1 型滑翔机很容易被敌方的战斗机或是地面防空火力袭击。针对这两个缺陷，一九四〇年末，DFS 开始改款，并制造出一种更完善的 DFS230B-1 型滑翔机。

一般来说，缩短着陆距离的最好办法是增加着陆时的阻力，前线部队通常会在滑翔机的着陆滑橇上缠绕大量的铁线，这种做法逐渐成为德军空降部队惯用的战地改装手段。不过，DFS230B-1 型滑翔机对此所做的改良是在机尾增设减速伞，并在机腹安装摩擦系数更大而且更坚固的重型滑橇。同时，DFS230B-1 型滑翔机的机身强度也得到相对提升。

这些改良使得 DFS230B-1 型滑翔机在遇到紧急情况时，能够进行陡角度快速俯冲，得以在很短的距离内着陆并停稳。为了尽最大可能缩短滑翔机着陆距离，DFS 还在 DFS230A-1 型滑翔机的机头试验安装了三枚由莱因金属（Rhien Danger Codell-Borsig）公司生产的反向喷射火箭，由此，产生了 DFS230C-1 短距着陆型滑翔机。经过测试，实践表明利用火箭喷射产生的反作用力可以让 DFS230C-1 型滑翔机在短短十六米的距离内完成着陆并停稳。此外，在滑翔机着陆后，火箭喷射时产生的大量烟雾还可以为滑翔机和空降兵提供有效的掩护。DFS 又在一架 DFS230B-1 型滑翔机上安装改进后的减速火箭，改制出编号“DFS230V6”的原型机。原本计划在此基础上开发出另一种量产型号 DFS230D-1 型滑翔机，但最终未能如愿。在加强滑翔机的自卫能力方面，DFS230B-1 型滑翔机所做的改进是在紧挨着驾驶舱后的机背处安装有一挺 MG15 型机枪。机枪的支架设计得非常灵活，因此该枪拥有良好的射界，既可以在空中当作自卫的武器，滑翔机着陆后，又可以利用机枪在地面进行压制射击，为空降兵提供强大的火力支持。有一部分 DFS230B-1 型滑翔机还被前线部队进行了战地改装，机头的位置被加装了两挺 MG34 型通用机枪，火力得到进一步增强。

一九四一年初，首批 DFS230B-1 型滑翔机投入量产，逐步交付德军空降部队，用以替换 DFS230A-1 型滑翔机。与 DFS230A 型相似，此后，在 DFS230B-1 型滑翔机的基础上，又衍生出了拥有两套操纵装置的 DFS230B-2 教练型。全部 DFS230B 型滑翔机的最终产量高达一千零二十架。DFS230 突击滑翔机的最后改良工作由 GWF 负责，改进的主要目的在于提升滑翔机的装载量和牵引飞行速度。

改良后的滑翔机的型号被定为 DFS230F-1 型。在一九四三年年底，GWF 试制出一架原型机，命名为"DFS230V-7"。这一架滑翔机的机体比以前任何型号的滑翔机都明显宽大了许多，它能够容纳两名驾驶员和十五名全副武装的空降兵；它可以装载一点七五吨重的物资，最大的起飞重量为三吨。DFS230F-1 型滑翔机由牵引机拖曳时，飞行速度最高可以达到每小时三百三十公里。不过，由于 GWF 担负了大量的其他机型的生产任务，加上原有的 DFS230 型号和其他型号的滑翔机已经足够德军空降部队使用，所以，DFS230F-1 型滑翔机的进一步量产化工作被无限期拖延。在第二次世界大战中后期，德军空降部队逐步改用哥达 Go242 中型滑翔机和梅塞施密特 Me231 重型滑翔机作为主力滑翔机型，DFS230 轻型突击滑翔机从一九四二年四月开始，逐步停产。

木马夺城计

一九三九年，德国袭击波兰，迅速获得成功，此后，德军依靠“闪电”战术，在短短的时间内，侵略了欧洲很多国家。

此后，德国人的屠刀准备挥向比利时人。不过，比利时的艾美尔要塞却成为让德国人大伤脑筋的一块“硬骨头”。如果采用常规的攻坚战术的话，德军需要调集大量的兵力，同时还要花费很长的时间。毫无疑问，德国人必须付出重大的伤亡才能从周边攻克艾美尔要塞。这是德国军方极不愿看见的情景。

一九三九年的秋天，德国的情报机关设法从比利时搞到了要塞的设计蓝图。经过细心研究，德国人发现要塞的顶部拥有长九百米、宽七米的面积，地势开阔平坦，正好能够满足 DFS230 滑翔机的着陆要求。于是，德军开始大胆地酝酿一个利用 DFS230 滑翔机上演“特洛伊木马夺城记”的计划。

为了完成这一计划，在一九三九年十月，按照设计图，德军仿造了两个模拟要塞；此后，他们成立了特别突击队，配以一个加强空降营的兵力，突击队使用 DFS230 滑翔机对模拟要塞进行了十几次昼夜间的模拟攻击演习。为了缩短滑翔机的着陆距离，DFS230 滑翔机的滑橇上被缠上了大量铁线，以确保其能够在要塞顶部安全着陆。此外，德军还准备使用一种空心装药的聚能爆破装置。这种爆破装置内部装有重达一百磅高爆炸药，这些炸药产生的爆炸力若聚集在一点，就可以摧毁钢筋混凝土结构的工事，并将其内壁震碎，形成无数高速飞射的碎片，这些四处飞射的碎片就像弹片一样，完全能够对工事内的人员构成致命的威胁。

经过多次演习，突击队的人员总数最终被确定为七百人。这些士兵被分成两个梯队。第一梯队共有四百人，计划搭载DFS230A-1型滑翔机实施机降。他们的主要任务是攻占艾美尔要塞的表面阵地和夺取艾伯特运河上的三座桥梁，并不惜一切代价固守阵地一直到德军地面攻击部队到达。第二梯队共三百人，采用伞降方式，负责支持第一梯队。

一切准备就绪以后，在一九四〇年五月十日的凌晨四点三十分，四十一架隶属于第一滑翔机突击团的DFS230滑翔机在Ju52/3M运输机的牵引下，搭载着第一梯队起飞。其实，一开始，艾美尔要塞的比利时守军就已经得知德军将要对要塞采取攻击行动，为此，他们全部进入了高度警戒状态。然而，他们严加注意的只是要塞周围的情况，压根没有想到敌人会从天而降。因此，当搭载着几百名德国士兵的DFS230滑翔机利用凌晨微亮的天色静静地降落在要塞顶部的时候，比利时的守军全都大吃一惊，一时之间，根本不知道该如何应对这一情况。

德国人的“空中木马”计策获得了巨大的成功。其实，第一批降落在艾美尔要塞顶部的DFS230滑翔机只有九架，着陆的德军空降兵也只有九十几个人。可是，在短短的十分钟的时间内，他们就跳离滑翔机，用冲锋枪迅速击毙了位于要塞外部的少量比利时守军，并用爆破装置和手榴弹对要塞的所有碉堡、炮塔和工事的出入口逐个进行了破坏。被杀了个措手不及的比利时守军全部被困在要塞内部，于是，这九十几个人就完全控制了要塞的表面阵地。

紧接着，另一批DFS230滑翔机又分别降落在艾伯特运河上的三座桥梁附近，在比利时守军的桥头堡后方发起进攻，因而轻而易举地控制了所有桥梁。早上七点整，负责支援的第二梯队也准时伞降到艾美尔要塞，此后，号称固若金汤的要塞很快被德国人控制，而德国人付出的代价仅仅是几十个人员的伤亡！

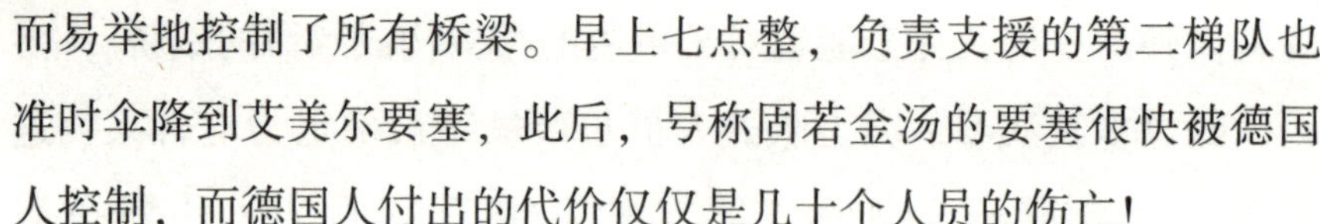

袭击科林斯湾大桥

一九四一年四月中旬，纳粹德国大举入侵希腊。当时，希腊军队和英联邦军队集结在希腊中部伯罗奔尼撒半岛，面临着被德军包围的局面。为此，他们准备撤退到克里特岛或者北非。

德国方面早已估计到希腊军队和英联邦军队的下一步行动，为了阻断他们的退路，德国军方打算利用空降部队，攻占伯罗奔尼撒半岛与希腊大陆之间唯一的一条通道——科林斯湾大桥(Corinth Canal Bridge)。

科林斯湾大桥的战略地位如此重要，英联邦军方面也预计到德军很可能对大桥发动突袭，所以在这里驻守了四个连的兵力。此外，英联邦军还在桥上安装了大量的炸药，准备在己方部队顺利撤退后将桥炸毁，以阻止德军追击。

此次行动中，德军方面则投入了第七空降师第二团下属的两个伞兵营，加强配属一个伞兵工兵连和一个重武器连，共有一千五百人。这次行动与突袭艾美尔要塞不同，德军将主要采用伞降方式，DFS230B-1 型滑翔机只是负责运输拆除引爆装置的工兵进行机降。

四月二十六日早上七点四十分，在 Ju52/3M 运输机的牵引下，十二架 DFS230 滑翔机从基地起飞，它们装载着一百多名工兵，向科林斯湾大桥发起首批进攻。由于机尾安装有减速伞，所有 DFS230B-1 型滑翔机都在距离大桥两端不到一百米的范围内着陆。

滑翔机安全着陆以后，工兵们以迅雷不及掩耳之势跳出滑翔机，迅速扑向科林斯湾大桥。这些训练有素的工兵们一边与桥面上毫无防备的守军展开激战，一边冒着敌人的枪林弹雨，利落地拆除桥上的引爆装置。仅仅五分钟之后，德军工兵就攻下了大桥两端的桥头堡，并拆掉了大桥上的所有引爆装置，成功地控制了桥面。

在同一时间，按照计划，两个德军伞兵营分别在科林斯湾大桥的南北两端跳伞着陆。他们与桥面上的工兵会合，一同攻占了守军指挥部。

不过，希腊诸神向德国人开了一个大玩笑。一个突发的事件让德军眼看马上到手的胜利不翼而飞：德国人攻占了守军指挥部没多久，科林斯湾大桥上的炸药突然爆炸，大桥被炸成两截，桥上的德军全部阵亡。

大桥为何会突然爆炸呢？答案可说是众说纷纭。

德国方面认为这其实是炮弹误击炸药造成；英军方面则坚持认为是英国士兵射击桥上炸药，将其引爆。不管原因究竟是什么，德军原定完整占领科林斯湾大桥的计划最终是竹篮打水一场空。一直拖到第二天，德军才架设起浮桥，继续向南追击。此时，希腊军队和英联邦军队已经转移到半岛南部的港口，并搭乘英国皇家海军的军舰成功撤退。

虽然攻占科林斯湾大桥的行动并没有达到德军预期作战目的，但 DFS230B-1 型滑翔机以及搭载的一百多名德军伞兵工兵的出色表现却是不容忽视的。他们再一次向人们证明，DFS230

轻型突击滑翔机拥有不易被发现、着陆准确和反应迅速等方面的优点，非常适合用来发动奇袭。

折戟克里特

在攻占科林斯湾大桥的行动中，德军空降部队使用 DFS230 滑翔机只是在为下一次更大规模的空降作战做热身运动。这一次空降作战就是一个月后德军在希腊的克里特岛发动的空降战役，代号“水星行动”（Operation Mercury）。

“水星行动”可说是整个第二次世界大战期间，唯一一次完全依靠空降部队实施的进攻战役。在这次作战中，德军投入了第四航空队下辖的第八和第二十二航空军。第八航空军负责提供空中支持，配备大量的轰炸机、俯冲轰炸机、战斗机和侦察机；第十一航空军则辖有第七空降师、第二十二空降师和第一滑翔机突击团，加上临时编入的第五山地步兵师，总计人数达到二点二万人，他们负责实施空降作战，配备有五百架 Ju52/3M 型运输机和八十架 DFS230B-1 型滑翔机。

第十一航空军将被分成西部、中部和东部三个战斗群，计划在克里特岛北部的三个机场附近进行空降。第一滑翔机突击团属于西部战斗群，将搭载 DFS230B-1 型滑翔机发起首批攻击，他们的具体任务是占领岛上最大的机场——马里姆（Maleme）机场，并占据阵地直至后续部队到达。其他的空降部队将采用伞降方式。在夺取机场后，作为预备队的山地步兵师将乘坐运输机直接降落在机场。

在德国进军希腊之后，英国人一直决心坚守克里特岛。他们在克里特岛上投入大量兵力，其中包括英联邦军队三万人、希腊军队一点四万人。当英联邦军获悉德军将对克里特岛实施空降作战以后，他们已经见识了滑翔机的威力，因此加强了对克里特岛的防御力度，而全岛最大机场的马里姆机场就成为防御的重中之重。在希腊部队的配合下，机场由战斗力较强的新西兰第五旅负责防守，总共有一点二万兵力。马里姆机场附近，他们布置了大量的高射炮和高射机枪，还在适合空降的地区设置了大量障碍物。对于将要在此空降的德军第一滑翔机突击团来说，噩梦即将开始。

一九四一年五月二十日凌晨四点三十分，在希腊南部的机场，德国空降部队的第一批运输机分别装载着伞兵、牵引着DFS230滑翔机缓缓起飞。经过二百多公里的飞行以后，第一批DFS230滑翔机，搭载着第一滑翔机突击团第一营和第三营的官兵在马里姆机场附近着陆。但是，这一次，英联邦军早有所准备，德军的空降兵再也没有像在艾美尔要塞和科林斯湾大桥那样的好运气了。

空降第三营的着陆地点正好是新西兰部队的防守阵地，于是，一部分滑翔机还未着陆，在半空中就被新西兰部队密集的防空炮火打得解体，另一部分滑翔机在着陆的时候撞上了地面的反空降障碍，严重受损。残余的幸运着陆空降兵们刚刚冲出舱门，就遭到机场守军机枪扫射，纷纷倒在了血泊中。在短短几分钟里，全营三分之二的人员阵亡，包括该营营长。

空降第一营则降落在马里姆机场西侧的河床里。这一地带没有任何部队防御，因此他们躲过了一劫。而该团另外两个营运气就没这么好，由于他们采用伞降的方式着陆，伤亡更加惨重。伞降部队的着陆点都是新西兰部队的重点防御地带，在降落期间，伞兵完全暴露在地面防空火力的打击范围内，许多人还没来得及着陆就丢掉了性命。经过此番打击，只有第一营还保留有战斗力，但他们已经很难独自完成攻占马里姆机场的任务。

在其他地区，第十一航空军的所有空降也都遭到了英联邦军队的顽强抵抗，负责指挥一线作战的第七空降师师长威廉·萨斯曼（Wilhelm Suessmann）中将甚至因为乘坐的滑翔机坠毁而失去了生命。

德军空降部队遭到如此严重的打击，出师不利，形势极为严峻。对此，德军指挥部决定让原本作为预备队的第五山地步兵师投入战斗，但是，负责输送部队的运输机需要着陆的机场。

因此，所有马里姆机场附近的德军空降部队都接到命令，全力支持第一滑翔机突击团，不惜一切代价拿下机场。

第二天早上，德军的空降部队开始发起强势的攻击，重点进攻机场地区的制高点一〇七号高地。一旦控制该高地，就可以控制整个机场。不过，守卫该处的两个新西兰步兵营居高临下，依靠猛烈的火力，顽强坚守阵地。德军久攻不下，伤亡巨大。在这一关键时刻，德军利用 DFS230 滑翔机向一〇七号高地输送了一个加强连。尽管如此，一直到黄昏时分，阵地仍然没有攻下。第一滑翔机突击团原本一千九百多名士兵只剩下不足六百人，突击团团长也身负重伤，被迫停止了进攻。

不过，局势发生了戏剧性变化，在当天晚上，防守一〇七号高地的新西兰部队主动撤出了阵地，德军趁机占领了高地，第二天一早，德军占领了马里姆机场。此后，德国人通过该机场源源不断地运送部队。五月三十一日，德国人占领了整个克里特岛。

在历时十二天的战斗中，德军空降部队付出了惨重的代价，伤亡人数超过六千五百人，接近参战兵力的三分之一。第一滑翔机突击团的人员伤亡率达到了70%，大部分DFS230滑翔机被彻底损坏。后来，克里特岛被德军称为“空降兵之墓”。

在克里特岛战役后，纳粹元首希特勒对负责指挥作战的斯徒登特将军说道：“空降作战成败与否的关键在于其突袭效果，现在这种效果已经不复存在，所以在克里特岛之后，我们再也不会采取空降作战了。”此后，德军的空降部队主要被当作普通地面部队使用，而DFS230突击滑翔机再也没有被大规模用于空降作战行动了。

重建声威

一九四三年七月二十五日，第二次世界大战的局势发生重大变化，纳粹德国和它的盟国们开始走向失败。在国王的支持下，意大利政府逮捕了意大利法西斯头目墨索里尼，并准备与盟军签订停战协议。

为了防止意大利倒戈，希特勒决定派兵救出自己的盟友，让他重掌意大利政权。对此，德军参谋部制定了代号为“橡树行动”的计划，准备组建一支突击队，营救墨索里尼。这支突击队的指挥官由希特勒亲自选定，他就是奥托·斯科尔兹内（Otto Skorzeny）上尉，被人们称作“欧洲最危险的男人”。

之前，意大利政府关押墨索里尼的地点更换了多次，这些给德国人的营救行动带来了极大的阻碍。不过，德军的情报机关最终还是发现墨索里尼的囚禁地点——位于意大利亚平宁山区最高

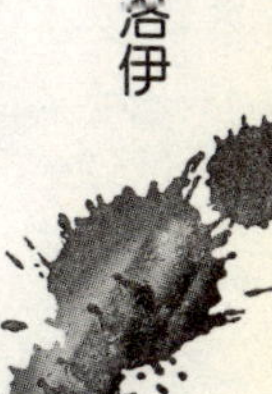

峰大萨索山（Gran Sasso）上的“坎波·因帕莱塔”（Campo Imperator）旅馆。这个地方地势险峻，交通极不方便，只有一条缆车道与山下相连，大约有二百五十名意大利士兵担任守卫。

于是，一九四三年九月十日，在对该地区进行空中侦察后，斯科尔兹内计划使用空降方式奇袭“坎波·因帕莱塔”旅馆，救出墨索里尼。山上空气稀薄，风速较大，很难实施伞降。而间谍在侦察中发现旅馆的前面有一小块空地，可以尝试用滑翔机进行机降。

当时，德军空降部队大量使用的哥达 Go242 中型滑翔机体积庞大，根本无法在那么狭小的场地上降落。所以，斯科尔兹内决定采用 DFS230 轻型突击滑翔机。他准备使用十二架 DFS230 滑翔机运载一百零八名突击队员到该地。斯科尔兹内打算让四架滑翔机在山上降落，负责营救墨索里尼；剩下的八架则在山谷降落，负责攻占缆车月台，并阻止意军向山上增援。最后派出轻型飞机在山顶降落，将墨索里尼接走。

九月十二日下午一点，行动正式开始。所有 DFS230 滑翔机经过转场后，在 Hs126 轻型攻击机的牵引下，在位于罗马近郊的普拉提卡·迪马雷（Pratica di Mare）机场起飞。斯科尔兹内的计划并没有顺利地进行。滑翔机起飞时，有两架 DFS230 滑翔机跌入美军轰炸后留下的弹坑内被撞毁；在飞行中又有两架滑翔机迷失方向，被迫返航。到了最后，只有八架滑翔机到达目标上空，在三千六百米的高度与牵引机脱离，滑向两处目标。

这次使用的是临时改进的 DFS230C-1 短距着陆型滑翔机，安装有反向喷射的减速火箭，机尾装有减速伞，机腹地滑橇上也被缠绕上大量的铁线，因此，滑翔机着陆非常成功。斯科尔兹内乘坐的第一架滑翔机在离“坎波·因帕莱塔”旅馆门口不到四十米的地方停了下来。此后，三架滑翔机又尾随着接连着陆。斯科尔兹内第一个冲出滑翔机的舱门，并带领突击队在三分钟内制服了被吓得瞠目结舌的意大利士兵，快速地救出了墨索里尼；另一组突击队也成功着陆并控制了缆车月台。

行动奏效以后，斯科尔兹内马上呼叫来一架 Fi156 “鹳”（Storch）式侦察机，在旅馆附近降落。斯科尔兹内亲自陪同墨索里尼乘坐该机安全返回普拉提卡·迪马雷机场，在这里，他们换乘一架亨克尔 He111 轰炸机抵达维也纳。

“橡树行动”大获成功，它是德军历史上最大胆的一次营救行动。这次行动再一次让人们看到了在小规模奇袭作战中，DFS230 轻型突击滑翔机具有的得天独厚的优势。

归宿

克里特岛战役结束之后，DFS230 轻型突击滑翔机的身影虽然仍旧出现在德军的历次军事行动之中，但它再也没有装载训练有素的空降兵，而改为装运弹药和补给，成为向前线部队运送物资的滑翔运输机，在东线战场上大量使用。

一九四二年五月，大量 DFS230 轻型突击滑翔机被派往霍尔姆（Kohlm）地区援助被困德军部队；一九四三年，它们在库班河地区支持德军桥头堡；一九四四年，DFS230 轻型突击滑翔机又负责向在特洛普（Tarnopol）防守的德军第一装甲集团军输送给养；在一九四四年十二月至一九四五年二月，它们又向坚守在布达佩斯（Budapest）的德军运送装备。

一九四五年三月二十三日夜，DFS230 轻型突击滑翔机参加了最后一次军事行动。当天晚上，六架 DFS230 轻型滑翔机装载大量炮弹，六架哥达 Go242 中型滑翔机运载六门一五〇毫米重型榴弹炮，降落在波兰西南部城市布雷斯劳（Breslau），为驻守在该市的德军部队提供火力支持。不过，由于当时苏联红军已经攻入了市区，所以这次行动也没有发挥出多大作用。

在第二次世界大战结束以后，德军部队中仍旧保留着一些 DFS230 轻型突击滑翔机，比如第一滑翔机突击团中就还有十三架完好的 DFS230B-1 型滑翔机。

作为第二次世界大战时期德军装备的第一种滑翔机，DFS230 轻型突击滑翔机曾是德军的重要秘密武器，参加了许多德军空降部队的重要军事行动。在第二次世界大战初期，拥有许多伞降方式难以替代的优势的它发挥了巨大作用，成为一种极为有效的空降突击装备，为德军空降作战的成功提供了重要的保障。

希特勒永远不会预料得到，正是在德军 DFS230 滑翔机的影响之下，美国和英国军方分别开发出了著名的 CG-4 型、“霍莎”（Horsa）型以及“哈米尔卡”（Hamilcar）型滑翔机，此后，它们在诺曼底登陆空降、戛纳登陆空降、阿纳姆空降以及莱茵河空降等大规模军事行动中，为盟军立下了大功，续写了“空中特洛伊”的传奇故事。

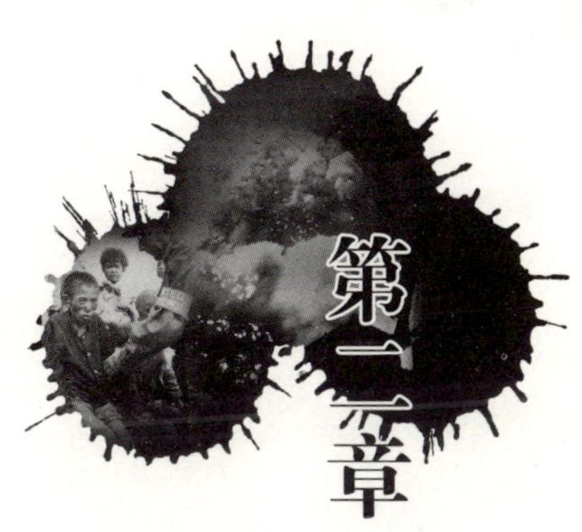

第二章 重型坦克

第二次世界大战初期，欧洲战场上呈现一边倒的局面。在这一时期，纳粹德国攻无不胜，战无不克。这样辉煌的胜利，固然与当时的国际形势有关，也与坚守地执行希特勒『闪电战』战略的强大德国装甲部队有着莫大的关系。

德国装甲部队战备精良，拥有各种各样新型的坦克。尽管坦克在第一次世界大战已经出现，世界各国早就装备了坦克，但是，纳粹的坦克在经过改装之后，威力强大，成为纳粹军队在战场上取得胜利的『秘密武器』之一。

巴克曼之角

一九四四年初，纳粹德国最精良的装甲师“帝国”装甲师奉命转移到法国南部的波尔多地区，在这里，他们进行了整编。六月六日，盟军发动诺曼底登陆。此后，“帝国”装甲师接到命令，开始向北推进，准备参加战斗。

一九四四年七月初，纳粹“帝国”师奉命抵达圣洛，准备阻击美军第九和第三十步兵师以及第三装甲师。纳粹“帝国”装甲师中最优秀的坦克指挥手叫做巴克曼。一九四三年中旬，巴克曼得到了他的新搭档——德国的武器专家们新研发出来的重型坦克——“黑豹”坦克。

一九四四年七月八日，巴克曼所在的连作为德军的先锋，向美军发动进攻。这一天，在圣洛附近，巴克曼首次击毁了一辆盟军的谢尔曼坦克。七月十二日，他摧毁了两辆谢尔曼坦克并击伤一辆。此后，巴克曼将他的“黑豹”坦克开进伏击位置，等待更多的盟军坦克的到来。很快地，三辆谢尔曼坦克被他摧毁。随后，巴克曼的坦克也被盟军的反坦克炮命中并起火，被迫送进了修理场。

休息了几天之后，巴克曼奉命去解救四辆被包围在盟军阵地里的德国坦克。他成功地完成了任务，并又杀伤了三辆谢尔曼坦克。当天中午，团指挥官命令巴克曼去营救一些被美军俘虏的德军士兵，任务也圆满成功。

七月二十六日，由于引擎出了问题，巴克曼的坦克又被送进了战地修理场。然而，修理场遭到了盟军战斗轰炸机的袭击。第二天凌晨，当巴克曼的坦克总算可以使用的时候，但是，他也发现自己已经脱离了自己的连。为此，他决定杀出一条血路，返回德军的战线。

巴克曼的坦克很快行驶到一个叫勒劳瑞的村庄。在这里，他遇见一些正在撤退的德军步兵。步兵们告诉他大量的美军就在附近。巴克曼接到情报以后，派出坦克中的两个乘员去核实这一情况。很快地，他们返回并带回一个坏消息。当时，一支由十五辆谢尔曼坦克以及其他一些车辆组成的美军纵队正在缓缓靠近巴克曼。

于是，巴克曼将坦克开到一个密布着树林的交叉路口，他隐蔽在树丛中，静静地等待猎物的到来。等到美军装甲纵队靠近时，巴克曼的“黑豹”开火了。两辆领队坦克首当其冲，被炮火击中；接着是燃料卡车被打击。两辆谢尔曼坦克在准备绕过被击毁坦克的残骸的时候相继被“黑豹”摧毁。美军被这飞来横祸搞得束手无策，如无头苍蝇一般四处乱窜。在不明情况的状态下，美军指挥官迅速下令后撤，并召来战斗轰炸机进行火力支持。

在美军猛烈炮火的打击下，巴克曼的“黑豹”坦克被击伤，一些乘员也受了伤。美军坦克乘机围攻巴克曼的座车。“黑豹”虽然受了伤，威力却依然不容小觑。他们又摧毁了两辆谢尔曼坦克。巴克曼和他的乘员暂时打退了美国军队的进攻之后，迅速修

复了坦克。此后，他们快速脱离战斗，并在击毁一辆谢尔曼坦克之后，开着已经受伤的“黑豹”坦克，回到了安全区域。

后来，这次战斗被称为“巴克曼之角”，在这场孤身作战的战斗中，巴克曼驾驶他的“黑豹”坦克一共摧毁了大约九辆谢尔曼坦克以及其他一些车辆，声威大震。

危险任务

一九四五年四月十二日中午，驻扎在维也纳附近的德国党卫军第二装甲师第一团的恩塞勒上校把他的坦克手召集在一起，向他们公布了当前的战况，并下达了将要完成的任务——由一辆坦克作为突击队，携带充足的弹药、食品，用最快的速度通过弗洛伊德大桥，以增援南岸的狙击部队；同时，这辆坦克还要尽量争取拖延苏军二十四小时。这么做一方面是为了掩护维也纳市区内的德军步兵安全撤退，另一方面是为北岸的德军重新布防创造足够时间。

这个任务如此重要，却又如此危险。最后，任务落在了当时装甲师中年仅十九岁的一二二七号“黑豹”坦克车长吉森的身上。他的伙伴包括：二十三岁的炮手埃赫兹、四十四岁的驾驶员史特劳斯、装填手斯普瑞格和通讯员劳尔。

接受任务后，吉森立刻和史特劳斯一起前往北岸桥头观察地形。两人来到北岸桥头的时候，三百公尺外一个装备着“大黄蜂”自行火炮的德军阵地正遭到苏军的攻击，巨大的声浪此起彼伏，弹片四处飞散。吉森和史特劳斯被迫躲藏在一门八十八毫米反坦克炮的掩体中。

在躲藏的时候，反坦克炮的炮手向两人介绍说，在大桥的中部有一个很大的弹坑，坦克通过的时候必须严加注意。同时，如果坦克要想在白天通过大桥，那绝对是痴心妄想。因为，他们肯定会受到对岸苏军猛烈的炮火袭击，这无异于自杀。

于是，吉森和史特劳斯决定在天黑之后再行动。经过调查，他们发现，自已驾驶的“黑豹”坦克有七个前进档，所以应在距离桥头两千米处开始加速，这样才能确保坦克以最高时速通过桥面，以达到在最短的时间内通过危险地区的目的。

当天晚上九点，吉森和他的坦克车组的成员们完成了所有的战前准备。出发前，“黑豹”共装载了九十二发七十五毫米主炮炮弹，十箱机枪弹药，五大包食品，另外还加挂了一辆装载五十发炮弹的拖车，开始向南岸行驶。在同一时间，德军的一五〇毫米“大黄蜂”炮和一〇五毫米“大黄蜂”炮和一〇五毫米“小黄蜂”炮为他们进行着连续的火力掩护。当他们路过桥头的八十八炮阵地时，下午和吉森交谈的那位炮兵用悲哀的眼神目送着他们离开，因为，谁都清楚这次任务是多么危险，他认为这是他和吉森的最后一次见面了。

“黑豹”这次由史特劳斯驾驶，他是全团年龄最大、最有实战经验的驾驶员。那天晚上虽然有几发苏军的炮弹击中了“黑豹”的炮塔，但是，史特劳斯仍然十分沉着冷静，安全地把坦克开到了对岸，并迅速地隐蔽在街道中。

当坦克安全地隐蔽好以后，坦克组的成员才深深地松了一口气。此后，多瑙河南岸还笼罩在深沉的夜色中，四处一片静寂。很快地，吉森与负责桥头狙击作战的另一辆“黑豹”坦克的车长巴克曼取得联系。巴克曼前来迎接，并抓紧时间进行了弹药补

给。在吉森到来之前，巴克曼的“黑豹”坦克组的成员已经连续战斗了好几天，整整用了一百五十发弹药，处于弹尽粮绝的境地。两辆坦克会合以后，巴克曼和他的士兵高兴地饱餐了一顿吉森带来的食物。

此后，吉森将坦克退到一栋建筑物外，下车与巴克曼商量具体的对策。巴克曼为他介绍说，虽然情况很乱，但德国并没有完全处于劣势，苏军仍被经验丰富的、占据着良好位置的德国步兵阻止在桥边。

正当吉森和巴克曼商谈的时候，一辆坦克突然出现在他们身后。德国的步兵们尖叫着说：“那是俄国人！”整个街道变得吵吵嚷嚷起来，德国的步兵及 Sd. Kfz251 半履带车都处在危险之中。巴克曼反应迅速，跳回自己的“黑豹”，将其炮塔横过来射击，苏联坦克被迫后退了。

打退苏军坦克后，巴克曼马上命令半履带车开到隐蔽之处，士兵们也躲藏起来。街道很快又恢复了寂静，仿佛什么事情也没有发生过。就在这时候，突然，巴克曼的坦克爆炸了——为德国人立下赫赫战功的巴克曼和他的“黑豹”车组丧命于当地那些藏匿在街道对面建筑中的游击队员手中。

巴克曼丧命以后，德国步兵迅速对周围的建筑物进行了扫荡。最后，吉森终于控制了局面。战斗平息下来，巴克曼坦克中的弹药仍在继续爆炸。吉森向德军指挥部通报了情况。

折腾到凌晨四点，吉森与负责当天防卫任务的德军步兵上尉史密德一起查看了德军的装备。吉森得知只有他的坦克和另一辆Ⅳ号坦克还能运转。（其实，在德国发动侵苏战争初期，Ⅳ号坦克已经过时。不过，由于战争时期，德国新型坦克生产能力不足，所以这种坦克一直使用到第二次世界大战结束。该型坦克从

F2 型开始，换装了长身管主炮，勉强可与 T-34 对抗。）一夜之间，就有四辆坦克被当地游击队炸毁了。

情况对德国人很不妙。虽然德国步兵用炸药封锁了附近的街道和建筑，并在地下室布置了自动武器，但问题在于德国人无法从东面对沿着公园的那条河边公路进行封锁。最后，吉森只有决定将相对较弱的Ⅳ号坦克布置在设有路障的西侧沿河公路。吉森的坦克则负责防卫大桥的东部。

在行动之前，吉森表达了他对游击队的担心。史密德则向他保证步兵会配合吉森的行动，将占领河岸沿线的建筑，他也会尽力驱动剩下的两辆坦克为吉森护航。于是，吉森安心地将坦克开到了河边公园，开始为最紧张的一天做准备。

早上大约八点，苏联派出的第一辆坦克 T-34 出现在桥东沿河公路九百公尺外的拐弯处。T-34 可说是第二次世界大战中性能最均衡的坦克，特别是 T-34/85，简直接近完美。在更多的战争场合中，它都扮演了胜利者的角色。此时，吉森沉住气，让 T-34 沿路向左急转弯来到街边，吉森方才下令攻击，炮手埃赫兹发射了第一枚七十五毫米炮弹，击中了 T-34 的右侧，目标爆炸了。在整个上午，又有四辆苏联坦克先后出现在街边。只要它们进入开阔地带，埃赫兹就会从侧面发动猛烈攻击。

到了中午，苏军的步兵从楼群中跑出来，发起了冲锋。吉森的坦克开始遭到步兵们抛来的手榴弹的攻击，但这并不能击穿“黑豹”坚固的装甲。吉森镇定地指挥着坦克，他们一边向河岸退却，一边朝苏军占领的建筑物射击。在“黑豹”强大的炮火攻击之下，再也没有手榴弹扔向“黑豹”了。

不过，吉森还面临着更大的挑战。没多久，苏军的伊尔—2 轰炸机出现在空中。它们不停地从空中水平轰炸，所过之处，炸

弹到处爆炸。当天，伊尔—2 轰炸机每四十五分钟就出现一次，但都没有精确击中目标。

下午两点，吉森接到通知，一辆苏军 JS-Ⅲ坦克出现在附近的街道上。(“JS-Ⅲ”即“斯大林”3 型坦克，它在第二次世界大战的最后几个月才投入战场。虽然 JS-Ⅲ的基本构型与 JS-Ⅱ大致相同，但炮塔经过重新设计，是龟壳型，车首则被改为箭簇状，这样的设计将车体的避弹外形发展到了理想的极致，加上厚重的装甲和一二二毫米的加农炮，毫无疑问地说，“JS-Ⅲ”算得上是当时最强的战车。一九四五年五月，在柏林举行的胜利阅兵式中，JS-Ⅲ坦克列队通过。首次看到这种坦克的西方军队高层全部大惊失色，他们甚至认为西线盟军装甲力量已落后苏联红军十年。)已经见识过 JS-Ⅲ坦克的德军对 JS-Ⅲ的厚重装甲及一二二毫米主炮很惧怕。

收到情报以后，吉森匍匐前进，爬过废墟，来到一处可以观察 JS-Ⅲ坦克的地方。他发现苏联坦克停靠在沿河路的七十五米开外的街边，面向正北。坦克上面有支苏联的步兵小分队正在休息。

吉森回到自己的阵地，让史密德为他安排一支配有“铁拳”反坦克火箭筒的小分队。按照计划，当吉森向苏军坦克开火时，小分队也要开火，以协助坦克，狙击苏军步兵。

商定好之后，吉森回到了坦克中。在坦克中，吉森用一本记有苏军各式坦克的数据的手册对车组成员进行了简单的训练。紧接着，他确定了 JS-Ⅲ坦克的高度，以便在向装备更优良的苏联战车冲击的时候，先将“黑豹”的主炮调整到合适的角度。此外，吉森命令坦克驾驶员在炮手射击前的接敌过程中，尽一切努力以保持坦克的平稳，为炮手提供一个良好的射击平台。因为，在两辆坦克交锋的时候，射击必须在行进中进行。一旦攻击不成功，他们必须迅速逃脱。

吉森的命令下达后，主炮的位置调整到位，此后，他们在公园的空地上练习了一次。队员们向吉森报告一切准备就绪。吉森下令，行动开始。为了让吉森在偷袭 JS-Ⅲ坦克的时候，能够阻止苏军步兵干扰，德国的步兵立刻用他们的自动武器朝着沿河街道开火，他们这样做还能掩盖“黑豹”的轰鸣声。

步兵开火的同一时间，史特劳斯驾着坦克前进起来。JS-Ⅲ坦克上的苏联士兵对这一危险的情况毫无察觉。于是，“黑豹”悄悄向前移动，当对方的坦克完全进入炮手的视野以后，坦克平稳行驶，七十五毫米超长炮管对准了目标。一声令下，埃赫兹开火了。“黑豹”的炮火击中了 JS-Ⅲ坦克炮塔的正下方。JS-Ⅲ坦克立刻爆炸。与此同时，德军的三部“铁拳”同时对着燃烧着的坦克开火，机枪也横扫整个区域……下午两点半，摧毁了强敌的吉森把坦克开回到隐蔽处。

行动最初，吉森十分担心苏军会在街东面的拐弯处架设反坦克炮，因此，他将坦克最佳的装甲防护面朝东方。这一睿智的决定救了他的命——几分钟后，苏联的三辆 T-34 列队出现在街尾，跟随其后的是一个步兵排。吉森和他的车组立刻做出反应。埃赫兹对着苏军坦克一刻也不间断地连续射击，斯普瑞格则快速地为他填充弹药。当时，按照纳粹德国装甲兵的规定，一般作战都是在关闭的舱内进行的。因此，经过频频射击以后，主炮散出的烟雾很快就弥漫在坦克内部。即使坦克组的成员被呛得呕吐，他们仍旧没有停止战斗。几分钟后，三辆 T-34 被摧毁。

德国坦克兵有一个准则，那就是在射击几次后，坦克决不要停留在同一个地方。T-34 被摧毁后，吉森命令道：“撤!”于是，

史特劳斯加大马力撤退，这时候，一发苏军的炮弹击中了坦克前部，正好落在通讯员位置的前方。吉森检查情况的时候，发现自己的担心被证实了：当他们忙于射击 T-34 时，一门苏联反坦克炮设置在了街东面——决一死战的时刻到了。

“炮手，挺住！”吉森命令道。埃赫兹奉命不停地射击，穿甲弹很快就用光了。“用高爆弹！”吉森大声命令道，装填手马上装入了一枚防步兵用的杀伤性榴弹。开火以后，苏军反坦克炮被摧毁了。烟雾再次弥漫坦克舱。吉森又呕吐起来。

一击成功以后，史特劳斯立刻将坦克倒退，这一次，坦克胜利地退到了一个不会被攻击的位置。眼前的危险过去了。

稍做休息以后，吉森又开始计划着下一次行动。他知道，自己必须把坦克开回到火线位置上。因此，到了下午四点，他命令史特劳斯将坦克移动。装甲防护仍然面朝街角拐弯处。

五点左右，苏军的四辆 T-34 从河滨公路向大桥开来，情形与之前十分相似。吉森的车组这一次轻车熟路地完成了狙击任务。一切都像程序般地进行着，就像处理一项事务性工作一样。

在苏军坦克靠近到三百米以内后，吉森才命令开火，第一炮就击中了首车的炮塔，将其打歪。T-34 马上朝左侧街道规避，这正是吉森所希望的情况。在 T-34 转向的时候，埃赫兹正好射击坦克装甲薄弱的侧面，并一举击毁了剩下的三辆坦克。此后，一直到夜幕降临的时候，再也没有苏联的坦克冒险敢接近大桥了。

夜幕降临，意外情况发生了。“黑豹”坦克的炮塔被卡住了，让德国人感到幸运的是，苏联红军没有在此时发动进攻。但是，在敌人进攻之前，吉森必须将坦克开到附近建筑物的地下车库里面，解决炮塔的问题。

晚上七点，在北岸的德军第二装甲师步兵已完成了新的防御部署。于是，城内的德国步兵利用苏军停止进攻的间歇，开始穿越弗洛伊德桥，撤向北岸。步兵分成小组，步行或乘坐 Sd. Kfz251 车，快速而安静地撤出维也纳。

八点半左右，苏联坦克轰鸣着经过吉森藏有坦克的那栋建筑，向桥边靠近。苏联坦克周围没有步兵伴随。坦克开到桥边的广场上停了下来，并在那里转了一圈。吉森和劳尔带上三部“铁拳”尾随其后。他们悄悄靠近广场附近。四周非常安静，几乎可以清楚地听见苏联红军在坦克上说话。

过了一会，苏联人发动引擎，朝吉森和劳尔藏身的方向开来。让过前面两辆坦克，吉森打开了“铁拳”的保险，击毁了后面的坦克。劳尔的攻击没有成功，吉森马上射出第二枚“铁拳”，于是，第二辆 T-34 也爆炸了。另外两辆 T-34 坦克见大事不妙，赶忙撤退了。在当天的战斗中，吉森击毁了十四辆坦克。

吉森和劳尔回到坦克中的时候，车组的成员已经解决了炮塔的故障；同时，苏联坦克被吉森击退，德国步兵获得了时间，得以继续从城中撤退。他们一队一队地井然有序地穿过大桥，撤离桥头。

晚上九点半，步兵撤退的时候，吉森将坦克停在之前步兵为他准备的沙袋墙后。十一点按照吉森和史密德的计划，所有的坦克、战车及人员全部在夜里安静地撤退完毕。

此时，只有吉森仍然留在维也纳城内。当确认所有的德国步兵全部安全抵达对岸以后，“黑豹”的炮塔始终对着维也纳方向，吉森也开始后撤。几分钟后，“黑豹”安全到达北岸。时间是一九四五年四月十三日晚上十一点十五分。

虽然一二二七号“黑豹”坦克车组在弗洛伊德大桥阻击战中有着几近完美的表现，成功地拖延了苏军的进攻，但是，敌众我

寡，纳粹德国溃败的命运早已注定。最终，吉森车组没能挽救德国党卫军第二装甲师的灭亡。在维也纳西北八十公里处的捷克边境，吉森和他的车组随同第二装甲师与兵力、火力十倍于己的苏军展开了最后的战斗。在这一次战斗中，顽强抵抗的德军消灭了三百五十五辆苏军坦克，击毙苏军一万九千五百余人，而德军第二装甲师则全部阵亡！

黑豹坦克

巴克曼和吉森是第二次世界大战时期，德国最优秀的士兵之一。在执行任务的时候，他们之所以能够圆满完成任务，一方面与他们个人的才智有关，另一方面也与他们亲密的“战友”——“黑豹”坦克的贡献密不可分。

德国研发Ⅴ型号“黑豹”式坦克（或豹式）的起因乃是苏、德战争初期的“T-34 危机”。当时，德国原有的坦克战术性能偏重机动性，不太重视火力和防护。这样的坦克用在“闪电战”的初期，性能还算将就；但是，当德国人进入苏联战场以后，面对火力强大和装甲优良的 T-34 和 KV-1 苏联坦克，德国的Ⅰ、Ⅱ、Ⅲ、Ⅳ号坦克，以及 35t、38t 等坦克都面临着被动挨打的地步。

在战场上吃亏以后，德军方面开始加紧改进Ⅲ、Ⅳ号坦克。在一九四一年底的时候，德军高级将领如古德里安将军等纷纷向希特勒提出建议，强烈要求研制新型坦克。于是，在一九四一年十一月二十五日，希特勒下令，要求戴姆勒-奔驰、MAN 等公司研制三十吨级坦克以对抗苏联的 T-34/76 坦克。

接到希特勒的命令以后，奔驰公司先后研制出 VK3001 和 VK3002 原型车。不过，由于它们和 T-34/76 的外型过于相像，会导致战场识别困难，因此被德国军方否决。

MAN 公司也研发出了 VK3002 原型车。一九四二年四月二十日，这一天是希特勒的生日，MAN 公司和奔驰公司一同将各自研发出的原型车向希特勒进行了展示。最后，MAN 公司的设计获得批准。

MAN 公司研发的 VK3002 原型车的炮塔像 T-34 坦克一样置于车体前部，但在后来，生产的炮塔都置于车体中部。因为这一设计，“黑豹”式坦克可以拥有更长的火炮身管，具备了火力性能上的先天优势。和之前的德国坦克完全不同的是，“黑豹”式坦克最先采用了倾斜装甲。这种豹式坦克采用了六六〇毫米宽履带，并拥有强力的发动机（从 D2 开始更换装了高达七百马力的 HL230P30 发动机，此发动机成为豹式的标准动力装置），机动越野性能极其优秀。

一九四二年十二月，“黑豹”式坦克正式生产型投产，被定为 PzKpfw V Ausf D 型，一九四三年一月，首批“黑豹”D 型出厂。此时，豹式坦克远远超出设计之前所要求的三十吨级，前装甲也由最初要求的六十毫米增加为八十毫米，坦克全重达到了四十四吨。德国方面早就计划好了“堡垒作战”，这一计划之所以迟迟没有执行，乃是为了等待“黑豹”坦克的出厂。“堡垒作战”一拖再拖，终于在一九四三年七月五日开始。当时，德国生产出来的二百五十辆豹 D（D1）型坦克全部参加了库尔斯克坦克大会战。在库尔斯克坦克大会战第一天，一百九十二辆豹式坦克参加了进攻，由于频频发生机械故障，德军又在一个雷场遭遇伏击，当天战斗结束以后，幸存完好的豹式坦克只剩下四十辆。在战场

上，豹D型坦克机械装置严重不可靠完全暴露了出来，尤其是齿轮箱的设计问题难以克服。因此，德国只生产了五百三十四辆豹D型坦克。

一九四三年八月，新的“黑豹”A型坦克研发成功，这次设计改良了不少机械问题，加厚了炮塔装甲，增加了两挺七点六二毫米机枪。“黑豹”A型坦克投产，产量为一千七百六十八辆。

一九四四年三月，改进后的“黑豹G型”坦克投入生产。这款坦克加强了车体装甲，改进了传动装置，增加了车内的三防通风装置。豹G型坦克的生产一直持续到战争结束，产量达到了三千七百四十辆，是豹式系列坦克中数量最多的型号。

一九四四年二月二十二日，希特勒亲自签发命令，正式将PzKpfw V号坦克定名为“黑豹（panther）”坦克。“黑豹”坦克是德国在第二次世界大战后期开发得最为成功的武器之一，因此受到德国军方格外的重视。在第二次世界大战后期，德国坦克生产中平均产量最高，D、A、G三种型号都达到了六千零四十二辆。一九四四年五月，德国还在继续研制“豹”F型。但是，直到战争结束，也只生产了二十辆左右。此外，豹式坦克的后继型号豹2还准备安装八十八毫米火炮，但只研制出了原型车。

与苏军的T-34/85坦克相比，“黑豹”式坦克的防护性能绝对优于T-34/85。虽然，“黑豹”式坦克的火炮口径只有七十五毫米，但是，七十倍口径的身管却使得它的穿甲能力远远高于T-34/85的八十五毫米L/54.6火炮，甚至也高于虎Ⅰ坦克的八十八毫米L/56火炮。从全方位性能上说，“黑豹”式坦克更是超过了英、美等国的各型同类坦克。不过，这一切优势的背后就是豹式全重高达四十四到四十六吨，这几乎和苏联的斯大林系列重型坦克一个级别。但是，即使是同样的重量，苏联的IS2和IS3都算重型坦克，而“黑豹”只算得上是中型，这是由于两个国家各自标准不同造成的。虽然豹式坦克的设计非常优秀，但是这种坦克的制作非常复杂，在产量上很难以和苏军的 T-34、M4、英美的“谢尔曼”等盟军坦克相比。因此，他们在战场上经常处于数量的劣势地位。

总体来说，“黑豹”系列的豹式坦克不容置疑地算得上是第二次世界大战时期德国武器的杰作。它为德国军队立下了杰出的功勋！

德国坦克的象征——虎式坦克

一九四一年五月二十六日，战争狂人希特勒要求波尔舍和亨舍尔为德国军方提供重型坦克的设计方案。当时，KRUPP 负责为他们的方案设计炮塔。

亨舍尔的设计方案基于早期 VK3001（H）和 VK3601（H）的设计，而波尔舍的则是基于早期 VK3001（P）-LEOPARD 的设计。这些早期设计方案虽然都没有投入正式生产，但它们却为设计人员提供了大量有价值的可以借鉴的经验。KRUPP 为波尔舍的 VK4501 设计了炮塔，该设计在经过修改后，被亨舍尔的 VK4501 采用。

一九四一年中期，亨舍尔决定制造 VK4501（H1）和 VK4501（H2）两种原型坦克。H1 型装备有八十八毫米 KwK36L/56 炮，并安装了 KRUPP 为 VK4501（P）设计的炮塔。H2 型装备有七十五毫米 KwK42L/70 炮，安装了一种新设计的炮塔——当时还只有木制模型。

一九四一年末，亨舍尔决定集中力量研制 H1 型，一九四二年四月十七日，公司生产出了它的样车。四月十九日，亨舍尔和波尔舍的样车都运抵拉斯登堡（Rastenburg）附近的一个车站。一九四二年的四月二十日——希特勒生日这一天，在东普鲁士的狼穴，这两辆样车都出现在了希特勒的面前。一九四二年七月，在 BERKA 的坦克学校，两辆坦克都开始了进一步的测试。经过测试，波尔舍的样车被淘汰，亨舍尔的样车却非常成功。在同月，亨舍尔的 VK4501（H）定型，被命名为“虎Ⅰ”，并且开始批量生产。

一九四二年八月二十九日，在彼得格勒，“虎Ⅰ”重型坦克第一次出现在德国部队的五〇二重型坦克团第一连中间。一九四二年十二月，北非突尼西亚附近的德国五〇一重型坦克团中又出现了“虎Ⅰ”坦克的身影。“虎Ⅰ”重型坦克被相继装备到一些重型坦克部队，一直服役到战争结束。一九四五年四、五月，“虎Ⅰ”重型坦克参加了柏林的防御战。

“虎Ⅰ”坦克装备有八十八毫米炮，威力巨大，这使它成为所有盟军坦克的危险对手；另一方面，它那厚重的装甲几乎使它坚不可摧。在战争中，“虎Ⅰ”坦克击毁了大量的敌军坦克和其他装备，在对手心中留下了威力巨大的深刻印象。一九四四年七月，德国五〇六重型坦克团第三连的指挥官在三千九百米的距离上，击毁了苏联 T-34 坦克。于是，在第二次世界大战中，“虎Ⅰ”坦克几乎创造了不可战胜的神话。

不过，“虎Ⅰ”最大的缺点是它的后部防护和发动机——它需要持续的工作，一旦熄火就很难启动。“虎Ⅰ”只有两种正式的型号——E 型和 H 型。在生产过程中，改良也始终在进行。例如，早期生产的“虎Ⅰ”型号炮塔上的射击窗在中期生产的型号中则改为了逃生舱口（也可用来上载弹药）；早期型炮手的两个窗口盖的装甲在中期生产时得到了加强，在后期又改为了一个；早期的两个前灯在后期则只剩下一个。后期生产的“虎Ⅰ”的发动机也更换了。“虎Ⅰ”装备了两种履带：窄履带用于运输；宽履带用于战场。为了方便“虎”式坦克的运输，德国军方为加快装卸速度，还特意生产了它专用的列车。

不过，从一九四二年七月到一九四四年八月末，德国仅生产了一千三百五十五辆“虎Ⅰ”坦克。一九四四年四月，“虎Ⅰ”的月产量达到最高水平，生产了一百零五辆。最后，“虎Ⅰ”被“虎Ⅱ”所取代，但是，“虎”式系列坦克仍然是第二次世界大战中最令人畏惧的德军坦克的象征。

在一九四三年一月的时候，德国军方开始秘密计划制造一种新的重型坦克，以取代“虎”式重型坦克。德国陆军兵器局把任务交给了波尔舍、亨舍尔和MAN公司，责成他们着手研制。

随后，这三家公司提出了四种方案，并制成了样车，它们分别是波尔舍公司的VK4502（P），亨舍尔公司的VK4502（H）以及改进的VK4503（H），MAN公司的VK4502（MAN）。最后德国陆军兵器局选中了亨舍尔公司的VK4503（H）方案。

方案选定以后，从一九四三年十二月开始，德国开始批量生产这种新型的被定名为“虎王”（或者“虎Ⅱ”）重型坦克。一九四三年十二月到一九四五年三月“虎王”坦克共生产了四百八十九辆。

“虎王”重型坦克采用了不少“虎Ⅰ”和“黑豹”坦克的组件。不过，它也采用了许多新的技术。首先，它采用了两种新型的炮塔，一种是亨舍尔公司（克鲁伯公司制造）的炮塔，一种来自波尔舍公司（韦格曼公司制造）。此外，“虎王”坦克还装备了一门 KwK43/L71 型八十八毫米加农炮。在第二次世界大战期间，这种火炮是德军装备坦克的火炮中威力最大的。它的身管长六点三公尺，能在二千公尺的距离上直接击穿美制 M4“谢尔曼”坦克的主装甲，所用的弹种包括穿甲弹、破甲弹和榴弹。其实，不仅是“谢尔曼”坦克，“虎王”坦克几乎可以击穿第二次世界大战中盟军所有型号的坦克。

在一九四四年晚期，克鲁伯公司曾打算把所有的“虎王”坦克换装上一门威力更大的一〇五毫米口径的 KwK L/68 火炮，不过这个设想最终没有实现。

“虎王”坦克的车体和炮塔是钢装甲焊接结构，防弹外形较好。它的正面装甲厚度比“虎Ⅰ”式坦克有较大提升。

正因为这些原因，“虎王”坦克成为第二次世界大战中盟军很难对付的一种坦克，只有在较近的射击距离上，一些火炮才可以对它构成威胁。不过，与其他德国重型坦克一样，“虎王”坦克的弱点在于它的机动性能。它的全重很重，单位功率较低，行动装置也经常出问题，这就成为“虎王”坦克的致命弱点。

一九四四年五月，“虎王”坦克首次在苏联的明斯克附近参战。七月，它又在波兰作战。在诺曼底登陆中，德军第五〇三坦克营的两个连队的“虎王”坦克也参加了这一战役。此后，“虎王”坦克参加了东西两线的很多战役。

尽管机动性不好，但在一些有经验的坦克兵手里，“虎王”坦克就成为一种威力很强大的坦克，它火力强大，防护超群，给敌人莫大的军事和心理震慑！

第二次世界大战中的德国坦克

第二次世界大战时期，随着德军虎式、豹式等一系列坦克相继投入战场，德国重型坦克救援车辆的短缺问题就显得越来越严重起来。

从一九四三年开始，第二次世界大战的战场局势发生重大改变，德军开始连连溃败。于是，频繁的撤退行动使得德国军队对于救援车辆的需求变得越来越紧迫。在战争初期，德军原有的 Zgkw. 18t（Sd. Kfz. 9）半履带救援车用于对三号、四号坦克的拖拽救援已经是足够了，可是，到了战争后期，对于德军虎、豹式这类重型坦克来说，这样的装备是明显不能满足它们的要求的。毕竟，在一般情况下，需要二到三辆 Zgkw. 18t（Sd. Kfz. 9）半履带救援车才能拖动一辆虎（或豹）式坦克。

最初，为了迅速拖拽救援坦克，德国的坦克部队自己改装了坦克救援车。这类改装的坦克救援车往往是拆除了原有的火炮，在炮塔前部焊接一个用于安装轻型起重吊臂的支架，在炮塔后部则相应地安装了钢索绞盘。可想而知，这种救援车的效果根本不能让人满意。

但是，由于虎式坦克在当时相当紧缺，实在不容有任何闪失，因此，德军最终决定采用豹式坦克的底盘生产一种重型坦克救援车。一九四三年六月，德国陆军部向 MAN 制造公司订购了十辆（不带钢索绞盘）采用豹式坦克底盘的坦克救援车，即 Bergepanther（Sd. Kfz. 179）“救援豹”。亨舍尔公司则结束任

务，另外制造七十个豹式坦克底盘。用于这种坦克救援车的豹式坦克底盘几乎在没有进行任何改装的情况下就被采用了。此外，原炮塔的中部位置还被安装了一台钢索绞车，它的牵引力可以达到四十吨（最大拖拽长度一百五十米，这种形式的绞车在现役德国陆军的 BPz3 坦克救援车上也可看到）。

除了豹式坦克，德军还研发了各种各样设计优良的坦克。如在一九三四年，德军开始发展一种十吨重、装备有二十毫米炮的装甲车辆。在一九三五年初，许多德国厂商都为德国军队提供了他们的原型车设计，如 Krupp、MAN（只有底盘）、Henschel（只有底盘）、戴姆勒-奔驰（农用拖拉机改进而来）。Krupp 第一个拿出设计方案，是放大了的 LKA I 版本，做了少量的改动，装备了新的武器，但这一设计被否决。随后，军方决定利用 MAN 的底盘和奔驰的外壳。在一九三五年末，MAN 生产了最初的十辆 Las100 坦克，后来改名为 Ausf a1。它比 I 号坦克大，但仍是作为轻型训练坦克，由于Ⅲ号和Ⅳ号坦克生产的延误才投入了战斗。最初的型号 Ausf a1/a2/a3/b 是早期生产的，主要用于测试，但仍服役到一九四一年中期。Ausf a1/a2/a3 装备了 Maybach HL57TR 发动机，而 Ausf b 是 HL62TR 发动机。从一九三五年末到一九三七年三月，这些坦克共生产了超过一百一十辆。它们的悬挂系统由 I 号坦克发展而来，由三对负重轮组成，外部有一钢架联结。这几个型号坦克只是在发动机和冷却系统上有差别。

一九三七年三月，随着纳粹侵略计划的逐渐开展，新的 Ausf c 式坦克出现了。这种新型坦克带有一种新的悬挂系统，由五个独立的负重轮组成，这种系统成为以后的Ⅱ号坦克的标准。德国大约生产了两千辆 Ausf c 坦克，这些坦克主要用于训练和作战。

在一九三八年五月，军方又生产了 Ausf d/e 型，这种坦克采用了 Famo/Christie 悬挂系统。一九四〇年，由于 d/e 型缺乏越野作战的能力，它们退出了服役，被改装为辅助车辆。从一九四〇年到一九四三年，德国又发展了 Ausf c 的新的改进型，即 Ausf f/g 型。

在第二次世界大战中，德国的Ⅱ号坦克由不同的厂商生产，Ausf a1 到 b 坦克则由 MAN 和奔驰公司生产，Ausf c 到 f/g 由 MAN、奔驰公司、Henschel、Wegmann、Alkett、MIAG 和 FAMO 生产，AusF d/e 由 MAN 生产，Ausf f 由 FAMO 生产，Ausf g 由 MAN 生产。所有的Ⅱ号坦克都装备有二十毫米的 KwK30L/55 或新的 KwK38L/55（都是由原来的 Flak30/38 20mm 火炮发展而来）。在北非战场上的Ⅱ号坦克则对通风和过滤系统都做了改进。一些标准的 Ausf a/b/c 型还加装了烟幕发射器，并与 FlammpazerⅡ型坦克在一九四一年到一九四二年的苏联战场上参战。

无用武之地的超重型坦克——“鼠”式坦克

一九四二年六月八日，在与纳粹希特勒会面的时候，德国著名的坦克设计师波尔舍博士提出发展超重型坦克的构想。

经过一番详谈，希特勒对这种坦克表现出极大的兴趣。当天，希特勒就任命波尔舍为总设计师，负责研制一种安装有一百二十八毫米或一百五十毫米火炮的超级重型坦克，这就是德国“鼠”式坦克的来历。

一九四三年一月十二日，德国陆军兵器局召集了国内有关厂家，正式下达研制任务。参加研制的厂家有：克鲁伯公司、西门子公司、戴姆勒-奔驰公司、速克达公司和阿尔凯特公司等。阿尔凯特公司负责总装任务。

一九四三年十二月二十三日，“鼠1”坦克研发成功。在阿尔凯特公司的试验跑道上，进行了“鼠1”坦克的行驶试验。这次试验获得了成功。不过，当时炮塔没有浇铸，用的是五十五吨的混凝土炮塔作为替代品。

一九四四年一月十日，“鼠1”坦克的样车被运到斯图加特附近的博普林根试验场，进行了更广泛的试验。除了悬挂装置强度不够和出现一些其他的小故障外，其他各方面都很令人满意。

但是，这种坦克有个很大的缺点，就是它的最大时速只有二十二公里，持续速度只有时速十三公里。于是，希特勒又命令波尔舍博士在一九四四年六月之前制造出有炮塔的装有武器的完整“鼠”式坦克。一九四四年三月二十日，第二辆样车“鼠2”式坦克的车体被运到了博普林根，直到六月九日，其他的部件全部运到。此后，研发者们又开始新的试验。一九四四年十月，“鼠1”坦克和“鼠2”坦克都被运到柏林郊区的库麦斯道夫试验场作进一步的试验，试验开始不久，“鼠2”式样车由于发动机和发电机轴配置不当，发生了柴油机曲轴损坏的严重故障。直到一九四五年三月，新制造的发动机才运到库麦斯道夫。这一次，组装没有出现什么问题，但是随后不久，德国就战败了。

“鼠”式超重型坦克从研发开始，只生产了两辆样车，还有九辆正在生产过程中。原计划生产一百五十辆，但是由于第二次世界大战的进程，“鼠”式坦克基本上没有发挥什么作用。“鼠

1”坦克装上了炮塔，炮塔上装有一门一二八毫米的火炮和一门并列七十五毫米火炮，动力装置是MB509汽油机，车体表面涂三色迷彩。“鼠2”坦克未装炮塔，动力装置为MB517柴油机，表面涂两色迷彩。在德国投降前，这两辆样车并没有参加最后的战斗。在苏军最后攻克柏林前，德军把这两辆样车都炸毁了。在战后，苏军将各处缴获的车体零件拼凑成一辆完整的“鼠”式坦克。

“鼠”式坦克火力强大，防护坚固，但是它的机动能力极差，这使它几乎只能在原地作为固定的火力点；再加上生产得比较晚，数量也很少。因此，尽管希特勒对它寄予厚望，它本身也很强大，但根本无法挽救第三帝国必然灭亡的命运。

唱主角的中型坦克们

早在一九三三年，希特勒上台以后，就下令德国的各个军工公司研制一种重十五吨，装备有三十七毫米或者五十毫米火炮的装甲指挥坦克。当时，德军的高级将领古德里安将军打算让这种坦克成为德国新组建的装甲师的主力装备。

一九三六年，在柏林，奔驰公司设计制造出第一辆原型车，其他公司也制造出各自的样车。到了一九三七年五月，奔驰公司制造出第一辆PzKpfwⅢ.A战斗坦克。其后武器专家们又研发出三种改进型：B、C、D型。不过，PzKpfwⅢA、B、C、D这四种型号都属于试验型，生产量很小。

一九三九年，德国开始大量生产E型坦克，这种型号是正式

装备部队的初生产型。在后期，E型坦克开始悄悄地进行改装，坦克上装备有一门五十毫米短身管火炮，这个型号是德军入侵波兰的主力坦克。

一九四一年，德国军方又开发出了F、G、H这三种型号的PzKpfwⅢ战斗坦克。它们统一的编号为Sd. Kfz. 141，这几种型号的Ⅲ型坦克和以后J型早期型都装备有短身管五十毫米或者三十七毫米火炮。一九四一年到一九四三年之间，PzKpfwⅢ战斗坦克又增加了四种型号：J、L、M、N型。除了N型和J早期型，其余都安装一门长身管五十毫米火炮。J、L、M统一编号为Sd. Kfz. 141/1。而在一九四二年至一九四三年间生产的N型则是装备一门短身管的七十五毫米火炮，它的编号为Sd. Kfz. 141/2。

在这种坦克的十二种型号中，J型坦克的生产量是最大的，分两批一共生产了三千余辆。到了一九四五年，在德国国内，各种型号的PzKpfwⅢ战斗坦克大约生产了六千辆（有些资料上说有一万二千辆）。

同时，德国还利用PzKpfwⅢ战斗坦克的底盘生产多种变型车，其中最出名的是StuGⅢ系列突击炮，另外还有自行榴弹炮、喷火坦克、指挥坦克以及观察坦克等。从一九三九年装备德军开始，PzKpfwⅢ型战斗坦克就一直被使用到一九四五年。在一九四三年下半年以前，它一直是德军活跃在各战线的主力装备。作为德军装甲师主要装备，它参加了入侵波兰、法国战役、北非战役以及入侵苏联等重大军事行动。在第二次世界大战初期，PzKpfwⅢ战斗坦克无疑是德军的重要秘密武器之一，即使到了中期，它仍然是德国军队的重要装备。

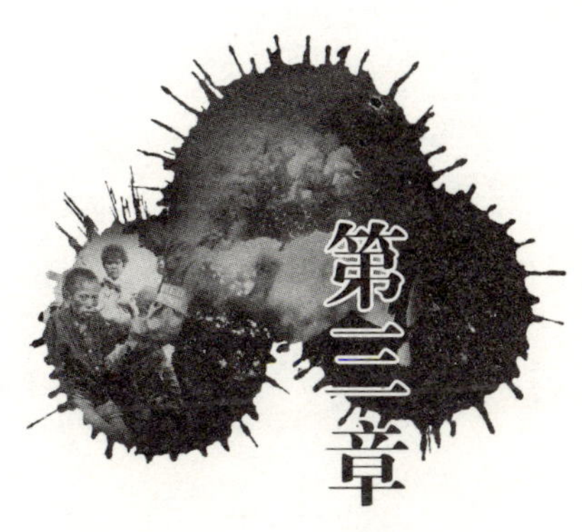

第三章

意大利特种武器之『猪猡』

每当我们提及第二次世界大战中的意大利，很多人都会不屑一顾。因为，在第二次世界大战当中，意大利人不但充当了不光彩的帮凶角色，它整体上糟糕的战绩也不会给自己提供多少可以捍卫荣誉的机会。

但是，事实上，在意大利人的征战史上，并不是没有闪光点。平心而论，单就海军而言，面对英国皇家海军这样强大的对手，在装备、训练等都居于下风的情况下，意大利海军仍然顽强地与敌人在地中海展开了殊死的较量。从这一点看来，意大利人并不缺乏勇气。

当然，在大国对抗中，作为弱小的一方，为了抵消英国人在军备、训练、武器等方面的优势，意大利人也是会想一些方法，虽然看上去不是那么高明。例如『猪猡』，这其实只是意大利人开发的特种武器之一，其他还有微型潜艇，攻击快艇等（撞击目标，多少类似于日本的自杀式的回天鱼雷，不过驾驶员在接近目标前会被弹射）。

『猪猡』其实是这种武器的昵称，它的正式学名叫做慢速鱼雷，又或者是大名鼎鼎的人控鱼雷。按照现在的观点看来，人控鱼雷的操作方式有一些愚蠢。人控鱼雷的使用原理就是两个人开着改造的鱼雷，千方百计地跑到敌人的军舰下面放炸药。这其实比让人们扛着炸药包炸坦克强不到哪去。不过，在当时的技术条件下，这已经应该算是最早的而且是成功的海军特种攻击，而且取得了相当的战果。人控鱼雷的好处是：隐蔽、机动、灵活，威力很大。英国人还从中深受启发，研制出自己的微型潜艇。在第二次世界大战后，微型潜艇更是得到进一步的发展。

人控鱼雷的发展史

其实，人控鱼雷的发展和使用可以追溯到第一次世界大战末期。当时，两名年轻的意大利海军军官 Raffaele Rossetti 和 Raffaele Paolucci 在 Pula 港击沉了奥地利的无畏级战舰 Viribus Unitis 号。在完成攻击任务后，这两名勇敢的军官被敌人俘虏。不过，他们幸运地活了下来，并在战后回到了意大利。

在执行攻击任务的时候，他们所使用的是一枚经过改装的鱼雷，在意大利语中，他们被称为 Mignatta。这种武器就是人控鱼雷的雏形。Raffaele Rossetti 和 Raffaele Paolucci 所需要做的是将这枚鱼雷放在敌舰的下面，此后再用定时装置引爆（从其他数据上看，当时的人控鱼雷还很粗糙，呼吸装置也不很成熟，所以只能在水面以半潜的方式进行渗透）。

Raffaele Rossetti 和 Raffaele Paolucci 的任务完成得非常圆满。但是，由于战争很快就结束了，这种新战术在当时并没有得到太多的注意和发展。虽然如此，在拉斯佩西亚（La Spezia）的意大利海军基地，仍然有两名技术军官 Elios Toschi 和 Teseo Tesei 在研究发展这种战术。然而，第一次世界大战结束以后，意大利陷入严重的经济危机，他们不可能申请到正式的研究经费。Elios Toschi 和 Teseo Tesei 是在自己的工作之余投入这样的研究，进展可想而知。

到了一九三五年，墨索里尼上台执政。他野心膨胀，入侵埃塞俄比亚，由此引发了英国和意大利之间的冲突和危机。英国海军一向称霸于海上，意大利海军根本不是他们的对手。因此，海军最高当局决定正式立项，资助 Elios Toschi 和 Teseo Tesei，让他们加快研究。在国家的支持下，加上先前的基础，研究进展得挺快。不久，Elios Toschi 和 Teseo Tesei 向意大利海军最高当局和 Cavagnari 海军上将提交了一个方案，并获得了批准。

这个重新设计的装置，在意大利语中昵称为 Maiale，也就是 pig，正式学名是 Siluro a lenta corsa（SLC），英文是“slow course torpedo”，一般就叫做 Human Torpedo 或 Chariot——这就是后来大名鼎鼎的人控鱼雷。这个新设计的装置是一个经过改进的电动鱼雷，与过去相比，具有极其良好的操纵性。在鱼雷上，有两个鞍部，正好可以容下两名蛙人。蛙人则直接暴露在海水中，每个人都得使用自己的呼吸装置。

人控鱼雷研制成功不久，两位军官就被派到一个新成立的位于 serchio 河口的秘密部队，归 Salviat 公爵指挥。这支部队经常被人们称为 Men of Serchio。

一九三五年，C. F. Paolo Aloisi 被调来作为这支部队（番号 1 Flottiglia Mezzi d'Assalto，英文是 1st Fleet Assault Vehicles MAS——第一攻击艇舰队。一般缩写就是 MAS）的指挥官，而 G. N. Teseo Tesei 和 C. Carlo Teppati 则负责训练和技术发展。在同一时期，H1 潜艇开始被用来作为必需的载具。

在拉斯佩西亚的 San Benedetto 工厂，最初的四个人控鱼雷开始被制造，以进行必需的人员训练。一次训练中，在经过一处水下障碍的时候，Teseo Tesei 告诉他的同伴，把这个“maia-le”弄快一点，猪猡这个外号就来源于此，结果这个外号很快就传开了。在训练阶段，人控鱼雷的其他装置如呼吸装置也在改进当中。经过精心的设计，意大利方面决定使用一套封闭的系统，以免因为排出气泡而暴露目标。成员呼吸的是纯氧，排出的废气（主要是一氧化碳，大概是因为水下呼吸不充分）则由废气处理装置（主要成分碳酸钠和石灰）吸收，直到这套装置饱和为止。这套装置设计下潜深度十五米，不过使用中经常超过二十米。

在训练中，人们发现起初的载具 H1 潜艇实在太老了，于是，它被 Perla 级潜艇取代，由 Junio Valerio Borghese 指挥，这人后来成为这支部队 the Xa Flottiglia MAS（Decima Flottiglia MAS）（10th Light Flotilla of assault vehicles，第十轻攻击艇舰队）或 X-MAS（上述 1st Fleet Assault 合并过来）的灵魂人物。同时，其他三艘潜艇 Iride、Gondar 和 legendary Scire 也被调过来充实这支部队。

由于埃塞俄比亚危机的刺激，除了人控鱼雷以外，实际上，意大利人还开发了一系列“下三滥”的武器。这些武器包括攻击快艇 barchino，正式名称为 MTM（Motoscafi da Turismo），木制，装了三百公斤炸药来撞击炸毁目标，一名驾驶员操纵，最后被弹射出去好歹不至于同归于尽（现在的恐怖分子一定是深受启发，并取得重创美国驱逐舰科尔号的战果，不过省略了最后这一步）。其他的还有三十吨微型潜艇，更大型的攻击艇，甚至还研制了可以由潜水员携带的小型水下炸弹以炸毁敌舰。

然而，随着埃塞俄比亚危机的结束，意大利当局很快对这些新式武器也没了兴趣，装备训练也基本处于停滞阶段。到了一九三九年，第二次世界大战全面爆发。面对新的欧洲危机，意大利最高当局重新投入人力物力，加快这方面的开发步伐。这些短视造成第二次世界大战爆发时（特别是一九四〇年意大利参战时），这些秘密部队根本没有做好充分的准备。

初露声威

第二次世界大战爆发后，意大利与纳粹德国结盟，站在了希特勒一方。其实，在意大利参战的时候，仅从数量上看，意大利海军还是颇有实力的，它的战舰数量甚至超过了英国皇家海军地中海舰队。意大利海军拥有四艘改进的老式战列舰：Andrea Doria，Caio Duilio，Conte di Cavour 和 Guilio Cesare，每艘拥有十门主炮，两艘新型的拥有九门主炮，另外还有两艘正在修建，已经接近完工。除此之外，意大利海军还拥有十八艘巡洋舰、六十艘驱逐舰，再加上一百艘潜艇。除了武器装备，意大利还拥有地利的优势，西西里和意大利占领下的突尼西亚正好将地中海分为两半。看起来，意大利还是大有可为的。

而与意大利相比，当时正是英国人在第二次世界大战中最黑暗的时候。英国的主力舰队得保卫本土，而地中海舰队却实力不足，直布罗陀、亚历山大还有马耳他等却又都是要害，分兵在所难免，力量不得不分散。在地中海舰队，Cunningham 手下只有拥有装有八门一五炮的 Valiant，Warspite，Queen Elizabeth，Barham 以及 Malaya 等老式战列舰，其中只有 Warspite，Queen Elizabeth 和 Valiant 完成了现代化，而且最大速度才二十四节，而意大利的最新式战列舰则达到三十节，火炮射程更远。尽管如此，意大利人也有自己的难处。两个最主要的因素大大限制了意大利海军的战斗力，那就是没有航空母舰和雷达。不幸的是，这两样东西，英国人全都有，地中海舰队拥有 Illustrious，Formidable 和 Indomitable 号三艘航空母舰（后来调过来）。而且，尽管意大利人舰艇数目不少，不过大多数舰艇已经老旧，甚至连新建的战列舰都缺乏夜战能力，这是硬件条件；软件条件方面则更糟糕，意大利海军方面士兵长期缺乏严格训练，疏于战阵，又没有什么作战经验。这些不仅表现在水兵上，在高级军官身上同样明显，而糟糕的海空协同更限制了战斗力。

就是这样一支海军，所要面对的却是久经沙场、称雄海上多年的英国老牌皇家海军。对此，本就底气不足的意大利人自然心存畏惧。结果，在英国海军力量不足的开始的几次小规模海战中，意大利海军几乎均遭失利，以至于到后来，意大利的海军主力舰队一直采取消极避战的策略，特别是在塔兰托袭击之后。可是，在战争中，回避始终不是办法，意大利人只好指望那些秘密武器了。

在连遭失败之后，意大利人提出了一种基本的战术设想，那就是使用人控鱼雷，攻击港内（重点是亚历山大和直布罗陀）的英军军舰。当时基本战术性能是最大速度约四五节，航程以二三节的速度大约二十四公里。因为使用电动鱼雷改装，所以隐蔽性很好。但是，在战火纷飞的海上，可以想象，摆弄人控鱼雷对蛙人会有多高的要求。无论是体能还是心理素质和作战技能等，都是缺一不可的。不仅如此，行动要想成功，还得加上必不可少的运气。当时，意大利人控鱼雷组方面的所有成员都经过严格的训练，实际上很多成员都是尉级的军官。

不过，刚一开始，新兴事物注定都是要经受磨炼的，人控鱼雷也不例外。事实上，成功的袭击依赖于一系列环节：需要潜艇顺利地携带人控鱼雷到港外，人控鱼雷释放后，蛙人需要突破严密的防潜网等防护，同时，港内还得有合适的目标，最后，鱼雷还得能瞄准目标成功炸响。在人控鱼雷行动的初期，这几个环节几乎每一个都出了问题，几次功败垂成。

意大利海军对亚历山大的最早攻击计划是在一九四〇年的八月二十五日和二十六日，由潜艇 Iride 号携带五组成员：Teseo 和 Pedretti、Toschi 和 Lazzari、Pacagnini 和 Birindelli、De La Penne 和 Lazzaroni 进行，另外一组担任预备。意大利计划由驱逐舰 Calipso 号将所有成员从墨西拿运到 Bomba 湾，然后换乘到等待在那里的潜艇上。人控鱼雷则直接装在潜艇上运过去会合。

无可否认，这个计划策划得是相当不错的。然而，不走运的是，在英国一次对托布鲁克的空袭中，发现了意大利停泊的 Iride 号潜艇，于是，这个倒霉蛋被直接击中沉没，意大利一艘大型支持舰 Gargano 也被炸沉。在这个时候，受过严格训练的第十部队的成员发挥了作用，他们帮助海军迅速找到了沉没潜艇的位置，经过艰苦努力之后，剩余的七名艇员被救生还。这一次算是出师未捷身先死。

第一次计划没成功，很快地，意大利海军又进行了第二次策划。他们企图在九月二十九日进行一次协同攻击，Gondar 号潜艇携带攻击队员到达亚历山大的港外，另外一组去攻击直布罗陀。结果因为缺乏重要目标，很快接到指示放弃攻击。而更倒霉的是，潜艇被英军发现，在饱尝英军的深水炸弹后，意大利潜艇受到严重损伤，丧失了下潜能力，最后，大家不得不挣扎着浮上水面后弃艇，包括 Elios Toschi（人控鱼雷早期的关键人物）在内的艇员都成了俘虏。

连续遭受两次失败以后，意大利海军进行了仔细的研究，最后，在十二月十八日，他们进行了第三次攻击尝试。这一次攻击进行得很顺利，这也是意大利海军最著名的一次攻击。在这次攻击中，由 Borghese 上尉指挥的潜艇 Scire 号释放人控鱼雷。三组人控鱼雷组的成员在防潜网外等候了很长一段时间，在这个时候，一艘正好要进港的英国船通过了防潜网，人控鱼雷组的成员利用这道偶然开放的空隙混进港，直奔目标而去。

由于英国人的港口中没有航空母舰，于是，战列舰 Queen Elizabeth和 Valiant 号就成了牺牲品。第二天早上六点，第一次爆炸对油轮 Sagona 造成了严重的损伤，此外，一艘驱逐舰 Jervis 号不巧正在旁边加油，因此遭到波及。紧接着，在六点二十分爆炸，放在 Valiant 号下面的鱼雷爆炸，六点二十四分，Elizabeth 号爆炸。雷头装药大约有三百公斤。不过，对英国人来说，这还算幸运。当时，英国军港内水深只有三十到五十英尺。三艘船都被“击沉”——战列舰只是受重创搁浅在港内。后来，两艘战列舰花了几个月的时间进行修理，比如 Valiant 后来被送到南非的德班进行大修，一直修了两个月（四月十五日到六月七日），而 Queen Elizabeth 损伤更大，最后送到美国诺福克船厂进行大修，一直到一九四三年六月一日才结束，花了九个月的时间，而丧失战斗力则达到十七个月。

这一行动的直接后果可想而知，英国地中海舰队的实力被大大削弱，再加上其他方面的损失，在这一地区的英军实力被大大削弱。可以说这是一九四二年上半年纳粹德国的隆美尔元帅在北非战场胜利的因素之一吧。

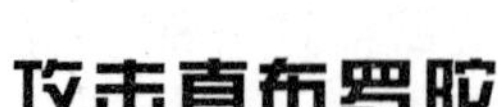

攻击直布罗陀

直布罗陀连接着大西洋和地中海，有岩石之称（The Rock），其战略地位之重要可想而知。在意大利海军中，对第十轻型舰队10th Light Flotilla来说，人控鱼雷对亚历山大的攻击（重创两艘战列舰的战果）最为著名，不过，事实上，意大利海军利用人控鱼雷对直布罗陀的几次攻击才是最成功的。

一九四〇年九月二十四日，英国驱逐舰Stuart号在Bomba湾击沉意大利Gondar号潜艇的同时，另外一艘意大利潜艇Scire号离开拉斯佩西亚，去直布罗陀执行同样的使命。

与上一次基本计划大致相同，攻击直布罗陀的计划也是采用人控鱼雷攻击港内的英国军舰。攻击组有四名成员，他们是：Teseo Tesei和Alcide Pedretti、Gino Birindelli上尉和Damos Paccagnini，另外Duran de la Penne中尉和Emilio Bianchi，以及Giangastone Bertozzi中尉和Azio Lazzari作为预备，行动由Scire号（成功攻击亚历山大的那一艘潜艇）的指挥官Junio Valerio Borghese上尉指挥。

这是Borghese头一次指挥Scire号执行任务。就像他在后来写的一本书《Sea Devils》中所描述的：他对船员非常了解。来自那不勒斯的Antonio Usano上尉是副艇长，Remigio Benini上尉是导航官，其余还有鱼雷军官Armand Alcere、海军工程师Antonio Tajer上尉是首席轮机官。Borghese对其他一些人员也有很好的评价。不过这些人中的大多数在几个月后，由于潜艇在以色列海岸外被击沉而死亡。

九月二十九日，奉命出发的潜艇来到距离直布罗陀大约五十英里外的地方，很快他们就被总部召回，原因很简单，当时港内没有合适的目标。

十月三号，潜艇在此出发，顺利到达撒丁的 La Maddalena。十月二十一日，Scire 离开拉斯佩西亚作第二次尝试。并于二十七号到达直布罗陀海峡。到达直布罗陀后，Borghese 曾两次试图接近，不过都被英国的护卫舰赶了回来。直到二十九日以后，借助强大水流的掩护，意大利人才突围成功，进入 Algeciras 湾。三十日，潜艇在大致位于 Guadarranque 河的河口处水下四十五英尺处的地方休整。紧接着，六名 10th Light Flotilla 的攻击队员操纵着三个“猪猡”离开潜艇，潜艇则在十一月三日安全回到意大利海军基地。

第一组执行任务的是 De la Penne 和 Bianchi，他们在执行任务途中不幸被防卫部队发现，遭到深水炸弹的攻击，鱼雷被破坏丧失浮力沉没，两名成员幸运地游到 Algeciras 并被意大利的谍报人员搭救，不久，他们又回到了意大利。第二组是 Tesei 和 Pedretti，他们同样不走运。尽管鱼雷本身出了一些小故障，但两人还是到达了 North Mole。然而糟糕的是他们的呼吸装置出了问题，最后只好放弃了任务。两个人和第一组一样，被意大利的谍报人员送到了西班牙，并最终回到意大利。第三组是 Birindelli 和 Paccagni-ni，他们则倒了大霉，鱼雷和呼吸装置都出了问题。当时，两个人已经到达英国战列舰 Barham 的底部，谁知在关键的时刻，人控鱼雷的链子掉了，鱼雷丧失了动力。Birindelli 试图把这个鱼雷拖过去，不过最终还是筋疲力尽，只好放弃。此后，他和另一个成员被英国人抓住了，在英国人的战俘营中待了三年。

第一次攻击直布罗陀的行动就这样以完全失败而告终。不过，人控鱼雷从中暴露出来的问题，特别是装备和技术方面的缺陷，却促使意大利人做了改进提升。回国以后，艇长 Borghese 和那个几乎成功的 Birindelli 被授予金质奖章 Gold Medal（相当于英国维多利亚十字勋章 Victoria Cross）。另外两名蛙人被授予银质奖章。

尽管此次攻击失败，但意大利海军并没有死心。他们在战术上做了一些修改，打算进行第二次进攻。当时，有一艘意大利油轮 Fulgor 号在战争爆发时被扣押在西班牙的 Cadiz 港。于是，几名人控鱼雷组的攻击成员伪造身份，穿过西班牙，提前上了油轮。他们登上油轮以后，意大利的潜艇偷偷过来，接运这些成员上艇。

一九四一年五月二十三号，Scire 潜艇泊在油轮旁边将四组成员接了上来。上尉 Decio Catalono 和 Giannoni、上尉 Amedeo Vesco 和 Toschi、中尉 Licio Visentini 和 Magr 分组执行攻击任务，Antonio Marceglia 上尉和 Schergat 做后备人员。

二十五号，经过几次包括深潜在内的努力，Scire 潜艇小心翼翼地躲过英国人的搜捕，最终到达了 Algeciras。不过，一直到第二天，他们才得以悄悄进入港湾。像过去一样，成员们离开潜艇，前去攻击目标。三十一日，潜艇安全地回到意大利海军的拉斯佩西亚基地。这一次由于技术方面的原因，行动仍然失败，没有取得任何战果。比第一次幸运的是，所有的攻击成员在任务失败以后，都顺利地到达西班牙边境。回到意大利后，所有的成员被授予银质勋章。

紧接着，意大利海军展开了第三次行动。这一次和第二次基本一样。还是由 Scire 潜艇偷偷摸摸赶到 Cadiz 港，从 Fulgor 号油轮接上攻击成员 Catalano 上尉和 Giuseppe Giannoni、Amedeo Vasco 上尉和 Antonio Zozzoli、Visentini 上尉和 Giovanni Magro，前往目的地。这一次，由 Antonio Merceglia 和 Spartaco Schergat 担任预备。

二十号的早晨，攻击成员离开潜艇，潜艇顺利地回到拉斯佩西亚基地。攻击成员分成三组，第一组成员 Vasco 和 Zozzoli 将人控鱼雷的雷头固定在一艘二千四百四十四吨的船下，结果，这艘船被炸成两半，沉没在海底。

第二组的攻击成员 Catalano 和 Giovannoni 开始任务以后，很快地找到一艘船，并迅速地固定好雷头。当他们要离开的时候，才发现那竟然是一艘被英国人扣押的意大利船 Pollenzo 号。两人感到非常沮丧，只好把鱼雷取下来，又重新找到一艘一万零九百吨的装甲商船 Durham 号，该船在爆炸后也很快沉没。

由于英军不断的巡查，第三组 Visintini 和 Magro 没能混进英国海军的军港。但是，他们在港外发现一艘一万五千八百九十三吨的盟国油轮 Denby Dale。两人一举炸毁了这艘油轮，旁边的一艘小油轮也连带被弄沉。

攻击算是大获全胜，人控鱼雷终于证明了它的价值。然而，这次成功的攻击只是个开始，当海军的攻击成员们还处在得到嘉奖的喜悦中的时候，新的战术又开始紧锣密鼓地策划起来。意大利军官 Antonio Ramognino 被派到西班牙的 Algeciras，负责收集当地的情报。意大利方面之所以会派遣 Antonio Ramognino，是因为他的妻子 Signora Conchita 是西班牙人。Ramognino 到达西班牙以后，借口妻子的身体不佳，在海边租了一栋房子。房子的地点正好就在 Maiorga，从房子的窗口出发，就可以俯瞰直布罗陀。于是，Antonio Ramognino 和他的妻子开始享受起“安静”的生活。这个在以后被称作 Villa Carmela 的房子成为后来意大利人多次攻

击直布罗陀行动的秘密基地。

一九四二年的七月，在 Agostino Straulino 的带领下，十二名攻击队员偷渡进了西班牙。这一次行动非常大胆，意大利军方计划由这些队员携带一颗炸弹游到目的地，然后将这些炸弹固定在目标舰下面，定时引爆。

于是，按照原来的计划，这些成员分批到达 Cadiz 港，上了 Fulgor 油轮。在七月十一日、十二日两天，他们被转移到 Algeciras 湾的 Olterra。行动在十三日和十四日开始。借助黑暗的夜色的掩护，攻击成员离开 Villa Carmela，到达附近的海滩。此后，他们开始了游向直布罗陀漫长的旅程。这时候，每个人身上都携带了一枚水下炸弹，他们的目标是港外的船舶。这次行动也很成功，一千五百七十八吨的 Meta 号，一千四百九十四吨的 Shuma 号，二千四百九十七吨的 Snipe 号，三千八百九十九吨的 Baron Douglas 号，总共九千四百六十八吨的轮船被击沉。在返回的途中，有七个人在上岸的时候被捕。其余的则成功地返回了 Villa Carmela，接着回到 Fulgor 油轮，最终安全回到意大利。

意大利方面如此频繁而嚣张的攻击行动，英国人自然不会无动于衷。在此之后，直布罗陀附近的英国军队加强了巡逻的力量，在一九四二年的九月十五日，Straulino、Di Lorenzo 和 Giari defied 试图挑战英国人的防卫力量，击沉了一艘一千七百八十七吨的小船。行动并没有取得完全的成功，由此可见英国人的防卫力量已经大大加强。

不过，这并不意味着意大利人控鱼雷的故事已经结束。面对敌人的防守，意大利人不得不努力改进自己的技术。此后，意大利一位名叫 Visintini 的军官在采用蛙人携带水下炸弹进行攻击的同时，又有了新的主意。这一次，他打算将另一艘被扣押的船

Olterra 号改造成一个真正的秘密基地：一旦经过改造，意大利人可以将一个水下容器固定在船壳旁边。这样，人控鱼雷就可以隐蔽地离开这个基地，进行攻击并回收成员。意大利人利用的是被扣押在 Cadiz 港上的 Fulgor 油轮。

十二月七日，Visintini 率领三组队员从“秘密基地”出发，攻击直布罗陀。当时，人控鱼雷以一小时的间隔离开 Olterra。这时候的英国人防御非常森严，总会不时在海湾中投下深水炸弹。结果，Visintini 和 Magro 还没有到达目标，就被深水炸弹炸死。而 Manisco 和 Varini 在鱼雷被英国人弄沉后，被追击了很长时间才摆脱。两个人上了一艘美国货轮，由于美国货轮上的船员大多数是意大利裔美国人，所以他们受到船员的热烈欢迎，并得到了庇护。而 Cella 和 Leone 同样被巡逻艇追了很长时间，Cella 幸运地回到出发地 Olterra 号，而 Leone 则不幸死亡。

意大利海军的这次行动可谓以惨败告终，共有三人死亡，两人被捕。唯一可以宽慰的是，英国人认为这些人控鱼雷来自潜艇，所以没有仔细搜查，秘密基地 Olterra 号没有暴露。Visintini 和 Magro 的尸体后来被英国人发现，按标准的军人葬礼形式执行了海葬。

最后的挽歌

到了一九四三年的五月一日，Borghese 取代 Forza，成为 10th Light Flotilla 的指挥官。在这个时候，意大利已经开始走下坡路。意大利在东非、北非的地盘都已经丢失。海军方面则只能防守，

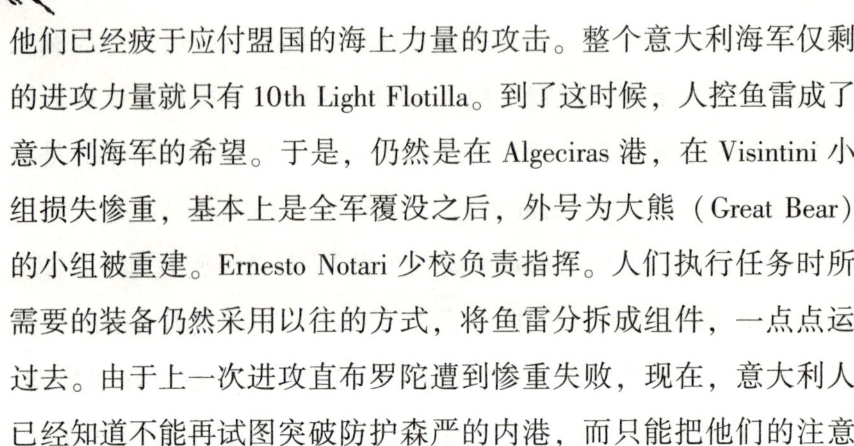

他们已经疲于应付盟国的海上力量的攻击。整个意大利海军仅剩的进攻力量就只有 10th Light Flotilla。到了这时候，人控鱼雷成了意大利海军的希望。于是，仍然是在 Algeciras 港，在 Visintini 小组损失惨重，基本上是全军覆没之后，外号为大熊（Great Bear）的小组被重建。Ernesto Notari 少校负责指挥。人们执行任务时所需要的装备仍然采用以往的方式，将鱼雷分拆成组件，一点点运过去。由于上一次进攻直布罗陀遭到惨重失败，现在，意大利人已经知道不能再试图突破防护森严的内港，而只能把他们的注意力集中在防御稍差的外港。

一九四三年的五月七日，借助暴风雨的掩护，三组成员（Notari，Todini，Cella）分别以一小时的间隔，潜入海中，进行攻击任务。为了提高攻击效率，他们头一次携带了额外的雷头。这一次的行动还算顺利，攻击者们在安放好鱼雷以后，都回到了船上，还能够欣赏自己的劳动成果。在这一轮的轰炸中，七千吨的 Pat Harrison 号、七千五百吨的 Marhsud 号、四千八百七十五吨的 Camerata 号都被击沉。

八月三日晚上，在 Notari 的指挥下，Great Bear 小组故伎重演，离开 Olterra 号，进行新一次的攻击。这一次执行任务的基本上仍然是上一次的成员。不过，Notari 这一次则和一名训练不足的蛙人搭档。结果，在这一次，他们碰到了技术故障。鱼雷突然下沉。此后，鱼雷又无法控制地上冲，暴露了目标，两个队员也由此失散。Notari 赶紧逃离，回到了 Olterra 号，而 Giannoli 则在坚持了两个小时后，被迫投降。Giannoli 被捕后，一支英军的搜索队立即去搜索附近的美国船。但是，为时已晚，他们只能眼睁睁地看着七千一百七十六吨的 Harrison Gray Otis 号被人控鱼雷炸毁沉没。另外两组方面战绩不错，Cella 炸沉一万吨的油轮 Thorshoud 号，第三组则击沉六千吨的英国船 Stanbridge 号。

尽管遭受到严重的打击，英国人仍然没有觉察 Olterra 号的秘密。可以说，这艘四千九百九十五吨的 Olterra 号见证了第二次世界大战的一段传奇。一九四〇年六月，意大利宣布加入第二次世界大战，Olterra 号被船员搁浅。一九四二年，意大利借口这艘船要卖给一个西班牙船主，需要进行修理，得到英国人的允许，被送到 Algeciras 港进行维修。Algeciras 港就在直布罗陀的对面。在这里，这艘船被意大利海军第十分舰队当作秘密基地，建造了一个内部可以通海的水池，里面甚至还建立了一个完整的可以装配和维护人控鱼雷的车间。而这一切就在英国人的眼皮底下进行。一直到意大利宣布投降，英国的皇家舰队都没有发现任何异常。

在胜利地完成了任务以后，意大利人准备再一次进行蛙人和人控鱼雷的协同攻击，不过，九月八号，意大利宣布投降，这支顽强的部队还没有执行最后一次攻击计划，就完成了它的历史使命。

大家都知道，在第二次世界大战中，意大利人的表现当然是很拙劣的。当时，意大利民族无论是从物质还是到心理，都没有做好足够的准备。而希特勒的意大利同伙墨索里尼却把意大利民族拖入了这场不正义的战争。其实，从一开始，意大利军队的表现基本也就注定了。后来以人控鱼雷著称的 X-MAS 则成为第二次世界大战中声名狼藉的意大利人中少数亮点之一。X-MAS 在战争期间总共击沉盟国包括战列舰在内的大小舰船约二十万吨。其中，击沉击伤盟军军舰八万六千吨，商船十三万一千五百二十七吨。比起德国潜艇或美国潜艇的战果，这个数字当然可以忽略，但是，一旦考虑到每次只有几名成员参加攻击以及总伤亡率的话，X-MAS 效率还是相当高的。

不仅如此，X-MAS 的几个人孤军深入敌人的大本营，却把老牌海上霸主英国皇家海军搅得日夜不得安宁。吃够了人控鱼雷的苦头以后，英国人不得不提高警惕。除了在军港设置严密的防潜网、关卡等防范设施以外，英国的地中海舰队还不得不每夜都在军港外面进行大规模的巡逻，还要不时投入深水炸弹，以防止可能的渗透。长期如此，英国投入其中的人力物力则可想而知。可以说，X-MAS 极大地分散了英国人在地中海方面有限的实力。如今的人们该如何评价这样一支奇特的部队呢？爱好和平与正义的人们必须认识到，如果要评价一支军队是否是正义之师，首先要搞明白的第一个问题恐怕是他们为谁而战、为什么而战。当墨索里尼追随希特勒，把意大利人卷入这场不正义的战争的时候，X-MAS 部队所进行的战斗性质都已经注定，它的成员所做的每一份努力都只能让自己走向历史的反动。

但是，另一方面，X-MAS 部队的成员又的确显现了一名优秀军人所应该具有的基本素质，那就是聪明、勇敢、顽强、忠于职守等。而在当时，这支部队凭借其胆识和不俗的表现，早就赢得了英国人的尊敬。或者，换一句话说，错的并不是他们；作为军人，服从命令是军人的天职，错误的永远是那一场罪恶而浩大的战争的发起者！

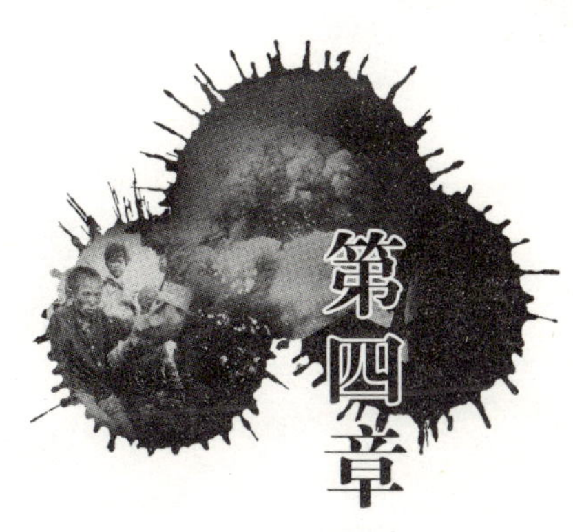

第四章

海浪上的短剑——德国S艇

『海浪上的短剑』是第二次世界大战时期纳粹德国的致命武器之一，它的名字很多。它的发明者德国人把它叫做S艇，意思是快速艇。而英国人则把他们称为E艇。E是英文中敌人Enemy的第一个字母。这种神秘的武器其实是一种性能出众的高速鱼雷艇。在第二次世界大战中，海洋也成为战士们浴血的沙场，而在波涛汹涌的海浪中，德国的S艇出色地扮演着致命短剑的角色，同时也是第二次世界大战中令英国人最刻骨铭心的海上仇敌之一。

S艇的前世今生

第一次世界大战结束以后，作为战败国，德国不得不签订了对其百般限制的《凡尔赛条约》。众所周知，《凡尔赛条约》对德国的军事发展设置了诸多障碍。当时，德国建造大型水面舰只和潜艇的路完全被条约堵死，然而这却从客观上刺激了德国加大了对鱼雷快艇这种非受限武器的研发。

魏玛共和国（一九一九年至一九三三年之德国，因其在魏玛地方制定而得名。德国于一九一八年发生革命，推翻帝制，建立共和国）时期，海军高层要求国内立即开发出一种适用于下次战争的鱼雷艇。一九二六年，第一个成果出现。A&R 船厂设计出一艘取名为“K 实验艇”的船。不过，“K 实验艇”的设计乃是照搬英国海军 V 形尖底的设计，所以德国海军方面对此并不满意。

同一时期，“一战”中德军使用的高速摩托艇（LM 艇）的制造商吕尔森公司推出了一款名为“吕尔”的船。这种快艇坚持了德国海军欣赏的圆形艇底的设计，但是，这款船的稳定性却让人非常怀疑。

在当时，圆底和尖底艇底是世界鱼雷艇设计中的两大流派。

尖底设计的优点是船的航速相对较快，缺点就是吨位较小、抗风浪性能差；而德国从第一次世界大战时期就采用的圆底设计虽然航速不如前者，但却具备了吨位较大、抗浪性能好的优点，非常适应远海作战。因此，这种设计思想始终被德国海军青睐。

一九二八年，吕尔森公司为德裔美国银行大亨奥托·赫尔曼·卡思量身打造的豪华游艇“俄亥卡二世”号让德国海军怦然心动。该艘民用艇创下了同级艇型中的最快速度的纪录。很快地，德国海军做出反应，他们对该艇表现出极大的兴趣。次年，海军部以联络艇的名义向吕尔森公司下了一份订单，要求公司建造和“俄亥卡二世”号相同规格的鱼雷快艇。

到了一九三〇年八月七日，吕尔森公司制造的快艇正式顺利交付。这艘快艇被命名为UZ（S）.16的快艇，两年后，它被易名为S-1艇。S-1艇是在第一次世界大战结束以后德国海军获得的第一艘鱼雷快艇，也是当时世界上最大的高速海岸快艇。从此，德国拉开了其后十余年间S艇纵横欧洲海域的辉煌战史的序幕。

希特勒上台以后，野心膨胀，德国加速了侵略的准备。在第二次世界大战爆发前，德国相继开发出了多种型号和级别的S艇如S-1艇、S-2级、S-6艇、S-7级、S-14级和S-18级，总共有二十五艘。

在第二次世界大战期间，德国又相继推出了S-26级（四艘）、S-30级（十六艘）、S-138/ S-138B级（九十一艘）、S-100级（八十一艘）、S-151级（八艘）、S-700级（九艘）以及LS袖珍级（十二艘），总共有二百二十一艘。

在第二次世界大战爆发以前，德国建造的各级S艇在技术上都不是很完善，但是，对于后来建造主力艇型来说，它这些建造经验无益是一笔宝贵的财富。譬如S-1艇用木质双层结构加上坚固的轻合金肋骨的做法一直被保留下来；S-2级艇在动力方面则有所建树，它所采用的特殊的方向舵控制系统——在主舵两侧分设一装备有与其成30°角的辅助舵一直被后面系列的S艇采用。这种控制系统的好处是当快艇高速行驶时，可以提高动力输出效率，并减少排浪的艉迹。不仅如此，在训练船员和研模战术方面，四艘S-2级快艇的贡献也很大；S-6艇和S-7级则加大了艇身，并正式引入了制式五三三毫米鱼雷发射管，动力方面还尝试改装了MAN出品的柴油机。S-1到S-7是德国S艇的技术累积阶段，它们所采用的圆形艇底和五三三毫米鱼雷等都成为后续艇型沿用的技术标准。一九三八年，S-7级以前的快艇都转售给了西班牙海军。

此外，大战爆发前后生产的S-14级和S-18级成为S艇的过渡型产物。该两级艇的实用效果终于让MAN和戴姆勒-奔驰在发动机领域持续了相当长一段时间的争斗有了明确结果，因为后者明显胜出。在快艇上，使用1.508兆瓦戴姆勒-奔驰MB501发动机的S-18级航速首度逼近四十节。

一九三九年，S-26级艇诞生了，这种快艇只生产了四艘，但却是奠定德军主力S艇设计理念的作品，后来的S-38级和S-100级都沿用了S-26级的设计理念，因此此款快艇具有非常重要的意义。S-26级首次独创性地将之前独立于艇身的开放式鱼雷发射管改为与艇身一体化设计的全封闭式结构。不仅如此，在操舵室的顶部，还独立设置了艇长指挥舱。从S-26级开始，德国S艇艇长就拥有了更好的视野。

在一九四〇年到一九四三年之间，德国最强的S艇终于面世了。S-38级和S-100级在之前的基础上，精益求精，突破了百吨的排水量。诞生于一九四二年的S-38级是一种重武装的S艇，在艇的前甲板上，加装了一门由莱因钢铁公司生产的二十毫米MGC/38 火炮，后甲板上则设有一门二十毫米高炮或换装了一门瑞典产四十毫米的博福斯 Flak28 高炮。到了一九四二年晚些时候，德国人又对 S-38 级的舱室进行强化防护设计，操舵室和指挥舱都包覆着装甲，多面体的设计风格使快艇极具现代感，这便是改进型S-38B级。

S-38 级虽然装有重火力和重装甲，但由于 S-38 级装备有三台 1.618 兆瓦戴姆勒-奔驰直列液冷十二缸柴油发动机，所以航速能够保持三十九点五节，因此，S-38 级以超过九十艘的产量傲居所有 S 艇之首。而 S-100 级从生产之初就采取了 S-38B 级装甲化的做法，只不过它的钢板更厚，所以排水量也是所有 S 艇中最大的，达一百一十七吨。不过，托最新的三台 1.508 兆瓦戴姆勒-奔驰 MB511 增压柴油机的福，它的航速竟能达到四十二节，这是所有 S 艇中第二快的速度，仅次于袖珍的 LS 艇。它的八十一艘的产量也是 S 艇产量的第二大户。S-100 级在保留 S-38 级各种武装的同时，在舰的中部又增设了一门二十毫米高炮。

S-100 级的一个特例是 S-226 艇，这种快艇实验性地增加了一对向艇尾方向发射的鱼雷发射管。这一尝试直接导致一九四四年德国最后一代 S 艇 S-700 级诞生。这种新型 S 艇的后部鱼雷发射管可以发射最新式声导鱼雷，航速亦达四十二节。虽然这种 S 艇战果不凡，但随着德国战败日期的临近，它们已无所作为……

除了这些主力艇以外，还有一些小型的 S 艇也活跃在德军阵中……这些小型的 S 艇中最小的要算 LS 艇——袖珍级 S 艇。这种艇的艇长只有十二点五米，排水量仅十一点五吨。LS 艇是专用于在港口周边进行袭扰和布雷作业的袖珍艇。本来德国原计划建三十四艘，实际却只完工十二艘，而且是由生产飞机的多尼尔公司

来完成的。袖珍艇的优点在于快速，它的航速列于S艇之冠——四十二点五节。LS艇可以装两具艇尾方向发射的四五〇毫米的鱼雷发射管，也可在艉部装三具水雷滑槽。十二艘LS艇中有三艘成为辅助巡洋舰上的搭载艇，其余的通过欧洲大陆的运河体系，被派到地中海活动。

在第二次世界大战爆发前，S艇的标准涂装是浅灰色，水线以下部分则使用黑色防水漆，船舷两侧也漆有黑色的艇号。到了一九三五年五月二十一日，随着魏玛海军变更成第三帝国海军，原本飘扬在S艇上的红边白底钩边十字的德国海军旗，亦于当年十一月九日换成了红底黑十字带万字符号的NZ海军旗。同时，S艇的两舷或舰桥挂上了铜制的帝国鹰徽标志。不过，战争爆发后，S艇水线以下部分改用棕红色，水线位置仍然是黑色，艇号则被与艇身相同的涂料完全盖掉。战争结束时，尚在服役的S艇又重新涂上了艇号，不过那是盟军为了方便统计缴获舰船数目。

由此可见，S艇的艇身涂装变化比较大。最早的颜色是深灰色。经验表明，在黑暗的夜色下，较浅的灰色加一些蓝色迷彩的涂装，隐形的效果要比单纯的深灰来得更好。S艇的行动主要是在夜间进行，因此，深灰涂装很快就被灰白色替代，这也是持续整个大战的S艇的基本涂装色。

在大战中期，还出现了迷彩涂装，它赋予了S艇极具个性的外观。在所有的参战国中，在兵器迷彩涂装方面，德国的确步步领先。除了在充满乌云和浊浪的北海环境中采用的灰色涂装与英国鱼雷艇比较类似以外，德国独特的海浪图案和斑点图案迷彩亦极具匠心。这种在敌军阵营中未曾一见的涂装在相当程度上保证了S艇充分发挥其战斗力。

德国S艇采用的迷彩方案主要有两种：一种是斑点图案，由灰色和褐色的斑点构成，被运用于S-126级和S-38级的部分艇上。这种迷彩符合英吉利海峡的灰暗背景；在北方海域，它又能巧妙地和远景中的雪山等融为一体。另外一种方案是海浪图案。这种图案是一种由暗蓝色和蓝灰色的模仿波浪的条纹构成的图案。它也同样被用于黑海上的S艇，以对付苏联舰艇。

需要指明的是，这些海浪图案并没有标准的格式，各艇是参照一定的样式自行涂装的。例如在波罗的海参加对苏军作战的S艇采用的海浪图案颜色就涂为深灰、浅灰加棕绿色。不仅如此，为了能有效完成一些白昼出击的任务，德国人又在原先多为黑色或灰色的甲板上也做了改装。在较温暖的黑海，为了适应黑海因富含藻类而在阳光下发绿的海水颜色，那里甲板被涂成豆绿色或橄榄绿；而出没在英吉利海峡的S艇的甲板则涂成了大块的灰白色斑状图案。同时，这些S艇船首的甲板被涂成红白相间的色块。这一做法来自意大利海军的经验，目的是防止被本方空军误击。但这样的做法在一定程度上削弱了甲板涂装的效果。

此外，许多S艇在舰桥两侧还涂有所属支队及本艇的徽标，有时也在船尾标有本艇的无线电呼号。S艇支队的徽标图案多用动物表示，比如第四S艇支队用黑豹，第八S艇支队用雄鹿，第五S艇支队则用一只抓着鱼雷飞翔的海鸥等。和那些德国袭击舰一样，S艇上通常备有很多面同盟国的旗帜，必要时，S艇会降下NZ海军旗，再改挂英国或中立的国旗，以迷惑敌舰、敌机和海岸观测哨。

在第二次世界大战初期，S艇支队得到德国强大的空军支持，因此敢于在白昼航行并攻击。后来，随着盟国海空力量的不断增强，S艇被迫只能在夜晚展开行动。有人概括说，在战争中后期，S艇出击的自然条件可以概括为夜色、薄雾、半圆月和

平静的大海。

S艇一旦从港口出发以后，多按照六艘一组的编队采取纵队开进；此外，他们还随时接收来自岸上的情报讯息。在一九四四年，大部分S艇都装备了新式的T3D鱼雷。于是，这样的六艇编队中一般由其中三艘负责攻击，而另外三艘则负责扮演鱼雷运输艇的角色，一般由装备有四十毫米火炮的S艇负责殿后警戒。当接近目标时，S艇会慢速而安静地滑行，有时它们也可以借助海峡中某处的浮标固定停止在海面上。一旦目标选定后，支队的S艇会集中向目标发射鱼雷。总体来说，S艇攻击的原则就是使用鱼雷，避免发生火炮交战，即“发射完鱼雷就跑”。支队的指挥官负责确定攻击目标和发射时间。但是，每当攻击成功过后，支队就会采取分散撤离，高速驶离战场，以避免使用火炮进行战斗。为此，每当S艇知道选择目标，总是会慎之又慎，以避免可能招致对方炮火回击。毕竟，S艇上炮手的射击准确度只算一般。

S艇速度快，神出鬼没，给盟国造成了极大的损害。因此，英国的军舰很想捕捉这些S艇。然而，这其实是非常困难的。因为，在出发执行任务前，S艇各支队都会指定一个海面坐标作为紧急会合点。每当艇队遭遇攻击的时候，即使S艇四散逃离，却总能在不久之后重新集结编队。无论在多么混乱的状况下，德国鱼雷艇依然能够归队，这实在是让他们的对手既恨又敬。

第二次世界大战期间，S艇的指挥机构也一变再变。最初，各S艇支队是归一九三九年十一月成立的鱼雷艇司令部指挥，后来他们又被驱逐舰司令部接管。此后，不到一个月的时间，鱼雷艇司令部又恢复了行使S艇的指挥权。一九四二年四月，驱逐舰司令部又再度接管，直到战争结束。

S艇的基本兵力单位是支队。在第二次世界大战中，德国先后编组了十四个S艇支队，每个支队的标准编制是十艘S艇，最多的达到十四艘。这些兵力分别活动于英吉利海峡；分别是北海、波罗的海、黑海以及地中海支队。第一支队和第三支队是转战海域最多的支队。德国最后一支组建的支队专为地中海战区而设。

除了S艇，S艇支队的另一个重要力量是补给舰。在战争中，补给舰担负着为S艇补充鱼雷、油料和食物的重要使命。在大战中，德国先后为S艇支队装备了八艘排水量在二千九百吨左右的补给舰，包括“青岛”号、“阿道夫·吕德利茨”号、“布尔”号”、“卡尔·彼特斯”号、“古斯塔夫·纳丁格尔”号、“赫尔曼·冯·威斯曼”号”、“罗马尼亚”号和“汤加”号。

战争之初，S艇部队的全部实力在第一支队和第二支队，共有S艇十八艘。第一支队组建于二十世纪三十年代中期，指挥官为库特·施特姆上校，基地设在基尔。第二支队于一九三八年八月成立于威廉港，由鲁道夫·彼德森上校指挥。

四海征战

一九三八年八月底，第一支队从基尔港出发，在九月一日开战当日，进入但泽港示威。正是在那里，S艇赢得了它在第二次世界大战中的首次胜利，战果很小，在克里斯蒂安森中校的指挥下，S-23艇打沉了一条准备扮演阻塞船角色的波兰拖网船。

在第二年的挪威战役中，两个支队的表现就比较差劲了。当时，第一支队参加攻击卑尔根特遣舰队。四月八日的夜晚，海上

起了浓浓的雾气，S-19 艇和 S-21 艇意外相撞。四月二十五日，第一支队全队泊岸休整，突然遭到岸上的火力偷袭，S 艇支队的人员伤亡惨重。为了避免更严重的损失，在此次战役中，S 艇支队不得不草草收队。

一九四〇年五月，随着西线闪击战的打响，S 艇支队也迎来了真正的战斗。在一九四〇年五月十日凌晨，第二支队的四艘 S 艇和英国皇家的一支海军编队不期而遇。在实力悬殊的火力差距下，S-31 艇发射的鱼雷依然成功地命中英国的“凯利”号驱逐舰，在夜色中，“凯利”号驱逐舰缓慢下沉。后来，“凯利”号驱逐舰被拖回了英国。

在这一时期，由于强大的德国空军拥有空中优势，因此，S 艇敢于频频在白天高速出击，对英国和法国的驱逐舰展开突然袭击。五月二十三日，S-23 艇联手 S-21 艇，把法国驱逐舰“美洲虎”号送入了大西洋底。五月二十六日，盟军的敦克尔刻大撤退开始。在二十八日的晚上，一艘 S-30 艇的艇长齐麦曼中尉发现了一个目标，他迅速判断出这是一艘英国驱逐舰。他命令开足马力，前去攻击。在二十九日零点过后，S-30 艇射出四枚鱼雷，至少有两枚击中了这艘满载士兵的军舰。这艘军舰确实是英国的驱逐舰“不眠”号，最终，它长眠海底。五月三十一日，S-23 艇和 S-26 艇又成功地击沉了法国驱逐舰“非洲热风”号。第二天，S-34 艇击沉了两艘盟国的武装拖船。

七月，S 艇支队开始狩猎英吉利海峡中的盟军货轮队。这一期间担任攻击任务的行动主力是第一支队。二十五日，法国运输船“梅克涅斯”号遭遇一支 S-27 艇。于是，这艘带着满满一船法国士兵的运输船被击中，渐渐沉没。此后的数月间，有多支盟国的护航队遭到 S 艇的进攻。八月八日，S 艇支队发现了一支拥有二十一艘货轮的船队，其中的十一艘被它们击沉。九月四日，第一支队的四艘S艇又击沉六艘盟国的货轮。到一九四〇年年底，遭S艇攻击，被击沉的盟国货轮共达二十三艘。由于S艇的威胁过于严重，于是，从苏格兰东北到伦敦的一段航线在历史上被称为“E艇小道”。

在上述行动中，S艇支队各损失了一艘S艇。一九四〇年五月十五日，新成立了第三支队，并且换装了最新型号的S艇。但是，S艇数量不足的问题开始困扰各个支队。为了最大限度地发挥现有的S艇的作用，每艘S艇都接到命令，要求执行任务时带上八枚水雷出航。当年的十月一日，第四支队成立。一九四一年上半年，四个支队一起出击，战果是击沉一艘驱逐舰和十六艘货轮。

从一九四一年五月开始，为配合即将开始的“巴巴洛萨”行动，S艇主力开始东移，进入波罗的海。其余的支队表现平平。从波罗的海返回后，S艇屠刀下的牺牲者在十一月又增加了不少，在一九四一年下半年里，S艇又击沉了十四艘货轮。在一九四一年全年，S艇的战绩是三十艘，超过了上一年。

一九四二年二月十二日，德国海军进行了“雷霆·瑟布鲁斯”行动。白天，德国的“沙恩霍斯特”号和“格奈森诺”号战列巡洋舰要穿越英吉利海峡。在行动中，德国海空军进行了完美的协同，S艇则负责掩护荷兰海岸线附近水域的安全。此时在北海作战的是第二支队、第四支队和新成立的第五支队。三月十三日，S-104艇击沉了英国驱逐舰“沃提根”号，但S-53艇和S-111艇也先后被英国军舰击沉。

七月九日，由克劳斯·费德特上校指挥的第二支队的七艘S艇围攻一支盟国的护航船队，击沉四艘货轮和一艘吨位达六千七百六十六吨的油轮。十月七日，第二和第四支队共出动九艘S艇，袭击盟国的货轮队，击沉了总吨位达七千五百七十六吨的三艘货轮。

在一九四二年的最后两个月里，S艇的活动达到了当年的高潮。其中，第二和第五支队表现突出，共击沉了包括一艘驱逐舰在内的十三艘各型舰船。十二月二日，在对FN889护航队的攻击中，S艇支队一次就击沉了五艘货轮。

终成猎物

到了一九四三年，S艇风光不再，艰难的时刻开始了。英国人在经过和S艇周旋数年，吃尽苦头之后，开发出了海空兵力结合的战术，这在相当大的程度上遏阻了S艇的活动。此后，对S艇各支队来说，损失的数字开始大幅度地上升。

在一九四三年一年中，有十三艘S艇被击沉。这些被击沉的S艇除了是被敌人的水雷和敌舰击沉以外，还有三艘是在港口遭遇空袭而倾覆的。这已经从一个侧面表明：德军开始失去他们在北海上空的制空权，S艇的活动日益暴露在盟国空中打击的威胁之下。事实上，在这一时期，S艇位于荷兰的基地已经成为英国飞机最喜欢的攻击目标之一。英国飞机从东安格里亚的机场出发后，荷兰海岸线正好是在皇家空军战斗轰炸机的理想航程之内。

这时候，S艇部队又遇上了另一个影响战斗力的事件，那就是六艘S艇在此时被调往西班牙，暂归西班牙独裁者佛朗哥的海军使用。另一方面，加强了护卫力量的盟军货轮队不再任人宰割。在一九四三年二月二十六日晚上，第二支队的七艘S艇出击FS1074护航队，结果在护航军舰的极力打击下，他们一无所获。四月十三日，第五支队袭击了PW323护航队，尽管用尽全力，也只是打掉了一艘汽船。在十月二十四日晚上，德国又集结了来自四个支队的二十八艘S艇的大规模编队，出击FN1160护航队。但是，这一次S艇不但连靠近货轮队都做不到，还被击沉了两艘，第四支队的指挥官维尔纳·吕佐上校当场阵亡。

四月十三日夜里的行动大概是这一年S艇运气最好的时候。第五支队的四艘S艇挑战一支拥有强大护航兵力的英国船队，结果他们在击沉其中一艘货轮的同时，还击沉了英国驱逐舰“埃斯克戴”号。然而，在整个一九四三年里，S艇击沉的整个货轮数下降到令人汗颜的五艘。

在一九四四年初，S艇似乎有卷土重来之势。在一月五日，第五支队击沉了三艘盟军的货轮，一月底，它们又击沉了另外两艘。这似乎在向人们预示着一九四四年又将是S艇威风的一年，但是，这实际上只不过是回光返照而已。在当时，德国的鱼雷艇部队的兵力构成发生了很大的变化：成立没几年的第六支队北赴波罗的海，第二、第四和第五支队不变，新加入的是第八和第九支队。第二和第八支队编为一群，第五和第九支队合为一群，它们以法国港口为基地，第四支队则单独从鹿特丹出击。虽然有五个支队之多，但是，在二月份，它们的战绩也只有二十八艘而已。而S艇自身的损失却多达七艘。

不过，在四月二十八日，S艇却意外地取得了一次重大的胜利。在四月二十八日清晨，第五和第九支队的九艘S艇离开了瑟堡港，当他们行驶到里梅湾附近的时候，领头的S艇发现了攻击

目标，不过观测哨的报告称对方不是商船，而是由一艘巡洋舰护航的八艘坦克登陆舰。这是一次为历史上即将发生的最大登陆作战而采取的秘密演习。这批登陆舰从普利茅斯出发，搭载着美国第四步兵师的官兵，前往地形极像诺曼底的斯拉普顿滩头，进行为期八天的“猛虎训练计划”。这些部队预定在到达当天参加对犹他海滩的攻击。

面对大敌，S 艇支队毫不犹豫地发起了猛攻，在短短几分钟以内，LST531 号和 LST507 号登陆舰就被击沉，LST289 号也遭到重创。闻讯赶来的五艘驱逐舰立刻在海峡里对 S 艇支队展开了疯狂的追逐。这次灾难造成七百四十九名美军士兵的丧生。这是除日军偷袭珍珠港之外美军在第二次世界大战中伤亡人数最多的一次。由于担心影响士气，这一事件在当时秘而不宣。诺曼底登陆战成功后，人们才知道那一天的惨剧，而具体的阵亡数字直到一九七四年才解密。而袭击得手、全速驶离的 S 艇却不知道，他们刚刚取得了 S 艇部队在第二次世界大战中的最大胜利。

不过，德国鱼雷艇的好日子已经时日不多了。在盟军发动的诺曼底登陆成功以后，S 艇接连遭受到沉重的打击。在诺曼底登陆当天，算上刚刚从挪威调回来的第六支队，德军在登陆海域能使用的 S 艇共有三十四艘。他们接连出动，击沉了盟军三艘登陆舰、四艘货轮、护卫舰和炮艇各一艘。但是这些损失对于实力越来越强大的盟军而言，根本是九牛一毛，但是，S 艇支队却付出了沉没七艘的代价。

六月十四日这一天是 S 艇部队的受难日。当天白天，首先是第二支队遭到两个中队“英俊战士”飞机的攻击，被炸沉三艘；夜里，盟军出动超过两百架轰炸机向勒阿弗尔扔下了一千二百三十吨的炸弹，结果，第四支队的六艘、第五支队的五艘、第九支队的三艘，总计十四艘S艇全部被炸沉！第五支队指挥官库特·约汉森上校在空袭中丧生。

剩余的S艇还想放手一搏。于是，从八月起，S艇开始换装新型的T3D鱼雷，可是表现仍然不尽如人意。在八月份的头两周里，S艇支队共发射了七十七枚T3D，击沉的船数却只有一艘，在九月却有五艘S艇被击沉。

随着德国在陆上局势的急剧恶化，仅存的S艇支队把基地撤到了荷兰。在那里，经过重新整编，成立了第十支队。这些S艇在荷兰一直待到战争结束。从十月到十二月，他们仅仅击沉了盟国一艘小型货轮，而自己却损失了三艘。

一九四五年一月，北海的S艇支队包括第二支队七艘、第四支队五艘、第六支队六艘、第八支队五艘、第九支队四艘，另外第五支队的七艘S艇也从波罗的海调动而来。此时，S艇的战损率几乎达到了一艇换一船的程度。在一月二十二日的一次行动中，支队击沉了一艘登陆舰和一艘货轮，但同时有两艘S艇被击沉。二月二十一日的情况也差不多，击沉两艘货轮，却损失了两艘S艇。但是，在两个月里，S艇布下的水雷共造成总吨位达三万七千四百五十一吨的七艘货轮沉没。

三月十八日夜，S艇支队攻击了FS1579护航队，取得了他们在三月里的唯一一次胜利，这也是在对盟国商船队的战斗中，整个S艇部队的最后一次胜利。在这一次战斗中，盟国一千零九十七吨的“克里奇顿”号和二千八百七十一吨的“罗盖特”号货轮被S艇用鱼雷击沉。

四月七日凌晨，S艇展开在第二次世界大战中的最后一次行动。在和英国护航队的交战中，第二支队的S-176和S-177艇被

同级的英国鱼雷快艇击沉。此后，S艇部队的战斗任务随着第三帝国的崩溃而终结，但S艇的故事仍在延续。第二次世界大战后，同盟国瓜分了幸存的S艇，英国分得三十四艘、美国得到二十九艘、苏联获得二十八艘。一九五七年，英国把两艘S艇交还给德国，其余的则送给了北欧国家。一九六五年，服役于丹麦海军的一艘S艇退役，它为整个S艇的历史画上了句点。

其实，从某种意义上说，贯穿大战始终的S艇部队是德国海军水面兵力最具威力的部分。从一九四〇年中期开始，S艇已成为德国海军实际上的水面攻击主力。它们和U艇一道构成了对盟国海上运输线的重大威胁。

从S艇问世以来，德国海军一共建造二百四十六艘S艇（含未完工），在战争中，损失了一百四十六艘，占59.3%。这个战损率固然很高，但也换来了令人瞩目的战果。德国S艇的战绩是所有参战国鱼雷艇部队中最高的。据统计，在整个战争中，S艇共击沉一百零一艘盟军商船，总计二十一万四千七百二十八吨；击沉十二艘驱逐舰、十一艘扫雷艇、八艘登陆舰、七艘鱼雷快艇、两艘炮艇、一艘布雷舰、一艘潜艇及许多其他军用小艇。S艇布下的水雷也是战果不凡，盟国触雷而沉的船只包括三十七艘登记吨数达十四万八千五百三十五吨的商船、一艘驱逐舰、两艘扫雷舰和四艘登陆舰。

正因为如此显赫的战绩，在第二次世界大战中，S艇部队一共产生了二十三位骑士十字勋章得主和一百一十二位金质德意志十字勋章得主，其中八位获得了橡叶十字勋章。一九四一年五月三十日，在海军元帅雷德尔提议下，德国海军专门针对鱼雷艇官兵特设了一种S艇战功勋章。S艇部队在德海军的重要性由此可见一斑。

每当S艇执行完任务返港以后，水兵们都会在本艇的无线电天线杆上升起代表击沉船舰的小旗，上面写着战利品的估计吨位数。在战争年代，这是每艘S艇最值得骄傲的时刻。但是，从一开始，这些水兵们的勇气和作战技巧就是没有意义的，因为，德国所发起的是一场非正义的战争。

第五章

第二次世界大战各国秘密武器大观

第二次世界大战爆发以后，法西斯国家四处侵略，世界从此陷入战争与动乱，再没有安宁。在吃尽侵略者的苦头以后，世界上各大国家如英国、法国、美国、苏联等国家纷纷联合起来，举万国之力，抗击法西斯国家。

在对抗军事强大的敌人的时候，各国不得不致力于武器开发。于是，在第二次世界大战的几年之间，世界上涌现出五花八门的武器。其花样之多，让当今的人们不禁瞠目结舌！

红色雷神——“喀秋莎”火箭炮

一九四一年的七月十四日，侵略苏联的德军中央集团军的先头部队攻占了苏联的战略重镇——奥尔沙。

当天，奥尔沙火车站处于一片杂乱无章的局面。当时，气势汹汹的侵略军占领了火车站。大批德军坦克、装甲车辆在车站附近稍事休整。坦克手从闷得透不过气的“乌龟壳”中钻出来。各种车辆在路旁检修、加油。士兵们卸下沉重的武器装备，三五成群地在树荫下用餐、休息。同一时间，德国人利用缴获的为数不多的苏联宽轨列车，抓紧时间将后方的大量战争补给物资运往这个靠近前线的供应站。

当日下午两点三十分，一阵突如其来的炮声响起，紧接着的是一阵迅猛密集的炮火。炮火威力强大，把车站附近的德军和他们的物资列车全部炸毁。坦克的炮塔被炸得飞向空中。弹药车中弹后燃起熊熊大火，连锁反应般地炸毁了四周的车辆和装备。正在忙碌的德军全被吓呆了，很多德国士兵还来不及有所反应，就被纷飞的炮火夺去了生命。

幸存的德军感到迷惑不解，德军指挥部闻讯也大为震惊。究竟是什么火炮有如此大的威力，能够在这样短的时间内发射出如此多的弹药呢？关于苏军使用新式火炮的报告被迅速上报，德军高层对此同样感到迷惑不解。直到苏德莫斯科会战期间，德军在战场上首次缴获了一种架在卡车上的火箭发射器后，德军才了解到苏联的新式秘密武器——“喀秋莎”火箭炮。

“正当梨花开遍天涯，河上飘落柔曼轻纱；喀秋莎站在峻峭的岸上，歌声好像明媚的春光……”优美动人的苏联歌曲告诉我们，“喀秋莎”本是一位美丽温柔的女性的名字，可是，第二次世界大战中威猛无比的火箭炮为什么也叫“喀秋莎”呢？

据说，第二次世界大战中苏联的火箭炮之所以被称为“喀秋莎”，有着两个传说。一个传说告诉人们：喀秋莎本是一位美丽的苏联女性，在第二次世界大战德国入侵苏联的战争中，她毅然参加了保卫国家、与德国法西斯做坚决斗争的战斗。后来，喀秋莎在战场上英勇牺牲。为了纪念她，人们把苏联红军最厉害的武器火箭炮称为“喀秋莎”。另一个传说是：在火箭炮刚刚研制出来的时候，为了保密起见，人们就给它取了一个与武器完全无关的代号——“喀秋莎”，因为，这是很多苏联女性都喜欢取的名字。

无论原因究竟如何，不可否认的是，这样一个美丽的女性名字，命名的却是当时世界上最强大、最野蛮的武器之一。无可否认，苏联的火箭武器研究，一直走在世界的前列。

其实，早在沙俄时代，俄国人就开始了自己的火箭武器的研制里程。第一次世界大战爆发以后，由于当时飞机装备的武器威力不足，沙俄军方就想在飞机上安装一种威力强大的航空武器。毕竟，大口径机枪和机炮的重量和后坐力太大，实在难以在简单的战斗机上安装。当时，在航空和火箭领域，大批具有开拓精神

的俄国科学家和航空工作者做出许多先驱性的尝试。然而，由于政治环境的影响，他们的工作受到种种限制和阻碍。俄国工程师提出开发航空火箭的提议，也由于俄国高层不信任自己的技术，而没有允许工厂开发航空火箭弹。

十月革命胜利以后，苏联开始在航空火箭方面投入精力。在苏联政府的支持下，杰出的火箭学家尼古拉·依万诺维奇·迪秋米洛夫与其他科学家一起，组成了气体力学研究小组（简称GDI）。这是苏联火箭研究和开发事业真正的开端。一九二〇年，苏联科学家V. A. 阿尔特米耶夫完成了固体燃料火箭的设计、组装和试射，不过遗憾的是，新生的苏维埃政权面临内有叛乱，外有他国势力武装干涉的严峻形势，火箭事业再次陷入停顿。

一九二一年，苏联成立第二中央特别设计局，专门负责研制火箭。不过，那时候他们的首要任务是研制出合格的固体火箭燃料和发动机。本来，苏联试图在炮弹发射药的基础上研制火箭发动机，不过他们很快就发现这样行不通，因此他们开始把主要的精力集中在研制专门的固体燃料上面。

于是，经过不懈努力，苏联研制出了可以稳定飞行四百米的固体火箭；一九二五年，迪秋米洛夫开发组才又集中力量开始研究以固体燃料为动力的火箭弹课题。经过三年奋斗，开发组终于完成了供炮兵使用的以无烟火药为动力、射程一千三百米的火箭炮。此后，又研发成功了PC-82八十二毫米和PC-132一三二毫米航空火箭弹。苏联飞行员曾使用PC-82火箭弹在哈拉哈河狠狠地教训了骄横的日军。而炮兵用的火箭弹实际上就是根据以上这两种火箭弹发展而来的。

一九三〇年的四月，迪秋米洛夫不幸逝世，刚刚起步的苏联火箭工业因此遭受了沉重打击。群龙无首的GDI研究所差点解散。在苏联高层著名将领图哈契夫斯基元帅的庇护下，研发工作才得以顺利进行。一九三三年末，RS-82 型八十二毫米火箭弹和 RS-132 型一百三十毫米火箭弹研制成功。两种火箭弹既可车载发射，又可机载，射程可达五公里以上。

一九三八年十月，火箭炮车载实验正式开始。这次实验以载重卡车作为实验平台。实验车的定向器非常有特色，为了尽可能多地搭载火箭弹，火箭炮共设有二十四条工字型发射轨，上下两排交错排列，每排十二条，看上去像两排篱笆。更有意思的是，发射轨的指向竟与车头方向垂直，且只能做高、低调整。也就是说，开火的时候，必须将车身与目标保持九十度角，发射方向调整只能经由车辆转向来实现。不言而喻，这种调整方式导致射角的精度极差，调整速度也是十分缓慢的。然而，这次试验也证明，采用道轨式发射装置完全可靠，火箭弹的飞行过程也让人满意。

经过这次不太成熟却有革命性意义的实验，一九三九年三月，沃罗涅日的“共产国际”工厂试制成功具有八根导轨的 BM-13-16，它的发射架也是工字型的，每个导轨可挂载两枚火箭弹。这样 BM-13 总共可以携带十六枚 M-13（PC-132 的改良型）一百三十二毫米火箭弹，发射架拥有左右各九十度的方向射界。苏联军方随即对其进行了各项严格的测试。测试结果表明，BM-13 特别适合打击暴露的、敌有生力量密集的集结地、野战工事及集群坦克火炮。由于 BM-13 是自行式的，因此适合打击突然出现的敌军以及与对方进行炮战。不过，由于火箭炮发射时烟尘火光特别明显，且完全没有防护，因此它不适合在敌炮火威胁比较大的地域里作战。

一九三九年五月九日，在外蒙古边境的哈拉哈河战役（日方

称为诺门罕事件）中，苏联红军把使用延时引信的火箭弹投入了空战。根据参战的苏联王牌战斗机飞行员波罗杰伊金在战后所著的《战斗机》一书记载，在他参加的八十五次战斗中，共使用火箭弹击落了十架日军轰炸机。

一九四〇年，BM-13 试生产了六门。最初，“喀秋莎”的诸多优点在试用过程中得到充分的肯定，但是，正是它的卓越性能反而给自己的发展带来了阻碍。一九四〇年，当时的苏联中央炮兵局局长库利克元帅给“喀秋莎”的生产工作制造了重重的障碍，其原因竟然是担心这种新式火箭炮的使用会导致原有的火炮品种被淘汰！因此，从“喀秋莎”试用开始，一直到一九四一年四月，苏联最高国防委员会（GKO）正式为“喀秋莎”定下军用编号——BM-13-16。

一九四一年，苏联军方订购了四十门“喀秋莎”。到了六月份，军方又订购了十七门。一九四一年六月十七日，BM-13 进行了成功的发射表演。六月二十一日，苏、德战争爆发的前夜，在 BM-13 的定性测试尚未全部完成时，苏联政府做出决定，全力生产 BM-13 火箭炮及 M-13 火箭弹。一九四一年六月二十二日，苏、德战争爆发。当天，莫斯科科布雷萨工厂接到军方指示，要求立即开始大批量生产 BM-13-16。首批七辆 BM-13-16 发射车和三千发 RS-132 火箭弹将配属莫斯科军区。

一九四一年六月三十日，由于战争的需要，沃罗涅日的“共产国际”工厂开始批量生产 BM-13 火箭炮。七月二十三日，首批批量生产的火箭炮顺利地通过了测试。从此，“喀秋莎”开始大规模生产并迅速装备部队。

“喀秋莎”底盘的后部，有两个手动的千斤顶。发射的时候，炮手要把它放下，以保证发射平台的稳定。发射装置位于驾驶室中，由炮长操作，可以通过电线连接，由连长统一发射。

初期的BM-13一般编为独立追击炮营或连，主要用于对抗敌方的猛烈攻击。后来，苏军在实战中发现，BM-13在泥泞路况下的越野机动性不够，便希望开发一种履带式的火箭炮，但是，在当时，能够搭载一三二毫米火箭发射架的履带底盘只有T-34和KB两种型号。在当时急需坦克的战况下，炮兵毫无疑问是绝不可能获得这些底盘的。因此，他们只好选择了过时的T-40水陆坦克底盘，安装BM-8-24二十四联火箭炮发射器。BM-8火箭弹则是由PC-82八十二毫米航空火箭弹改进而来。不过，T-40在一九四一年秋已经停产，车况和数量都远远不能满足要求，所以定型生产的BM-8-24是以新型T-60轻型坦克为底盘的。正是这些原因，BM-8-16的威力比BM-13小，射程也近些，不过它的机动性好，火力密集度高，适合打击近距离的敌有生力量和轻型野战工事。此外，还有一些安装在斯大林CT3-5拖拉机上的BM-13和BM-8-24火箭炮。因为拖拉机的行驶速度实在太慢，这样缓慢的速度在机动作战中根本无法跟上部队，因此它们同样没有定型批量生产。这些因素都迫使当时苏联军方要不惜一切代价寻找一种可以用的底盘。在一九四一到一九四二年间，苏联还开发了一种SN-24火箭炮。由于M-24二四〇毫米火箭弹是新开发的，不像M-8和M-13是经过长期测试才研制成功的，因此M-24存在相当多短时间内难以克服的技术问题，也没有定型生产。因为M-13的威力已经足够，因此苏联就没有接着发展大口径火箭弹，而是把全部精力用在提升现有火箭炮的产量上。

一九四二年，美国正式参战，大批美援物资源源不断运抵苏联，其中包含有各种运输车辆。美国的通用GMC6X6卡车的性能比苏联自己的3HC-6卡车好得多，因此，一九四三年以后生产的

火箭炮几乎都是以通用GMC卡车为底盘，这种型号的火箭炮改称BM-13H。不过，由于绝大部分的BM-13都是以通用GMC为底盘，所以后来5M-13H就统称为BM-13。苏军还在美国卡车底盘上安装了BM-8-36三十六联装、BM-8-48四十八联装和BM-8-72七十二联装火箭炮。

在第二次世界大战中，苏联的“喀秋莎”火箭炮总共有四大系列，他们分别是八十二毫米M8系列，一百三十二毫米M13系列，三百毫米M30系列，三百一十毫米M31系列。在整个第二次世界大战期间，苏联军队总共装备了二千四百门BM-8，六千八百门BM-13，一千八百门BM-31“喀秋莎”，以嘎斯卡车底盘总共生产了三千三百七十四辆火箭发射车（不包括美国援助的吉普车改装的“喀秋莎”）。

“喀秋莎”对第二次世界大战中的苏联贡献巨大。在德军入侵苏联以后，苏联方面就开始考虑利用这种新式武器对抗敌人。一九四一年的六月二十八日，苏军决定组建一个BM-13特别独立火箭炮连。六月三十日夜，头两门火箭炮开到了驻地。第二天，炮兵连正式成立。当时，这个连队只有七辆试生产型的BM-13、三千发火箭弹，连长是三十六岁的伊万·安德烈耶维奇·费列洛夫大尉。

经过一个多星期的紧急训练以后，特别独立火箭炮连全连已经熟练地掌握了火箭炮的操作方法。七月上旬，独立炮兵连被编入苏联西方面军，来到了斯摩棱斯克前线。七月十四日，为了打击对岸德军占领的火车站，隔着奥尔沙河，七门“喀秋莎”发射出一百一十二枚火箭弹。这就是“喀秋莎”火箭炮的首次投入实战。当时，为了避免遭到德军炮火袭击，费列洛夫连没有再次装填，匆匆撤出了阵地。

不过，仅仅是这样一次袭击，就给德国人留下了深刻的印象。当时担任苏联西方面军司令叶廖缅科在回忆录中记述说："四辆喀秋莎一起发射，获得了极大的战果。我军的一些官兵在未接到通知而目睹了那巨大的威力以后，甚至退了回来。"德军方面也有类似的报告。德国的第九军第十二装甲师报告说："我们遭到不明型号火炮的攻击，损失惨重。"这次攻击给德国人留下"深刻印象"，称"喀秋莎"为"魔鬼火炮"。

其实，对于德军来说，这还只是个开始。在此之后，费列洛夫连躲过了德军的空中侦察和炮兵观测队，在斯摩棱斯克、叶尔尼亚等地区，毫不留情地教训了法西斯侵略者。当时，德军上层命令，要求前线的德军将士不惜一代价找到苏联火箭炮的发射阵地，最好能俘虏他们，不行就全歼他们。但是，德军的每次行动都是徒劳无功。

一九四一年十月初，德军发起了进攻莫斯科的"台风"战役。十月七日夜，在斯摩棱斯克附近的布嘎特伊村，正在行军的费列洛夫连与德军的先头部队正面遭遇。炮兵连大敌当前，却沉着应战。在炮手们迅速架起火箭炮的同时，其他人员奋力挡住德军的冲锋，为火箭炮的发射争取时间。由于发射火箭弹和销毁火箭炮耽误了时间，炮兵连被包围。

在突围过程中，包括连长费列洛夫大尉在内的绝大部分苏军官兵壮烈牺牲。在所有的火箭弹被打光以后，为了不让这种新式武器落到敌人手里，炮兵连彻底销毁了七门火箭炮。苏军的第一个火箭炮连就这样结束了战斗历程。后来，费列洛夫被追授一级卫国战争勋章，他的家乡佩斯特和奥尔沙的几条大街被命名为费列洛夫街。一九九五年六月二十一日，根据俄罗斯总统叶利钦签署的第六一九号总统令，费列洛夫被追授"俄罗

斯联邦英雄”称号。

在一九四三年二月，苏军取得了斯大林格勒保卫战的伟大胜利。这次战争是第二次世界大战的转折点。在战斗中，为了对付德军的坚固火力点，苏军投入了刚刚研制成功的 M-31-4 火箭炮。这是一种架在地上发射的火箭炮，发射 M-30 三百毫米火箭弹。M-30 是一种超口径火箭弹，战斗部的口径是三百毫米，后部发动机的直径只有一五二毫米。这样就相当于减少了火箭弹发射药的药量，导致 M-30 的射程只有两千八百米。不过 M-30 火箭弹战斗部装药达二十八点九公斤，比二〇三毫米榴弹的威力还大，可以摧毁战争后期德军的坚固火力点。可以说，在当时，一千五百三十一门“喀秋莎”发挥了巨大的作用。

第二次世界大战结束以后，在“喀秋莎”系列火箭炮的影响下，苏联火箭炮进入了大发展时期。它们的口径不断增大，发射装置也有了相当大的改良，管式和方筒式取代了轨道式，射程甚至可以达到一百公里。

最值得一提的是 BM-21 火箭炮（也称“冰雹”），在二十世纪六十年代，这种火箭炮被用来装备苏军摩托化步兵师和坦克师，还大量装备东南亚及前华约各国，甚至中国也对它进行了仿造。毫不夸张地说，这种火箭炮对世界各国火箭炮的发展产生了深刻影响。

除此之外，BM-21 火箭炮——苏联在战后研制的一二二毫米四十管自行火箭炮，因性能先进而名扬天下，先后生产了两千多门，畅销五十多个国家。从一九六四年起，BM-21 型装备苏军最主要的前线火炮，各甲种摩托化步兵师装备一个营，每营十八门。早期的 BM-21 火箭炮采用乌拉尔-三七五型载重车为底盘，最大时速七十公里，以后改用 4×4 轮式越野车，最大时速达到八十五公里。BM-21火箭炮可在十八秒内发射四十枚火箭弹，全营齐射能发射七百二十枚火箭弹或化学弹，总重量四十八吨，超过美国陆军师全部身管火炮一次齐射量。到目前为止，这种火箭炮仍然是世界上许多国家炮兵的标准装备。

继BM-21火箭炮之后，苏联研制出了BM-22火箭炮（又称“飓风”），并从一九八七年开始装备部队，主要装备师级以上炮兵部队。口径为三百毫米，采用前苏联火箭炮的传统布局，十二支定向管排列成Ⅱ型，左右各四管，上面一排有四管。每支定向管长达八米，底盘为MA3-543型8×8卡车，拥有较高的机动性。整个作战系统全重四十三吨，共有四名乘员。“飓风”安装有自动装填机，发射完火箭弹时，装填手可利用机械式装填系统从MA3-7313型弹药补给车上快速将十二枚火箭弹装到定向管内。最大射程达七十公里，是当时世界上射程最远的火箭炮。车上装有自动化火控系统，包括弹道计算机，无线电传输系统和自动定位系统。每个火箭炮连还配有一辆射击指挥车。接到目标数据后，定位系统自动测出相对位置，火控计算机计算偏差，数据送至发射控制系统。火箭弹在飞行初段使用简易惯导技术，能自动修正飞行。“飓风”使用高爆子母弹，长七点五米，重八百公斤，内装七十二枚七十五毫米子弹头。一门火箭炮一次齐射可发射八百六十四枚子弹头，覆盖六十万平方米地域。

熟悉世界军事的人们都知道，长期以来，苏联的火箭炮一直影响着全世界火箭炮的发展方向。第二次世界大战时期，受苏联火箭炮的影响，英、美、德等国也相继开发出了自己的火箭炮。德国有一百五十毫米、二百八十毫米等口径的火箭弹，发展出了SdKfz4型伴履带式四十二毫米自行火炮；英、美两国则在M-4A1中型坦克上加装火箭发射架，使之成为复合型武器，他们甚至在

水陆吉普上也装上了火箭发射器。战后，火箭炮仍然是各国军队的宠儿，如：美国的 M-270、德国的拉尔斯等。甚至工业不发达的朝鲜都有自己的金策火箭炮。可以说，苏联火箭武器在世界战争中的辉煌战绩不可磨灭，而苏联有此成就，跟“喀秋莎”火箭炮密不可分。

冰山航空母舰

一九四二年，第二次世界大战进入了第三个年头。这个时候，欧洲战场上打得不可开交。而大西洋上的盟国运输船队总是遭到德国潜艇的攻击，损失极其惨重。单单在一九四二年的十一月，盟国就有一百三十四艘商船葬身海底。而最糟糕的是，在大西洋航线上，盟军缺少可以供护航战斗机起落的基地，因此，在一时之间，盟军对德国潜艇的猖獗活动无可奈何。针对这样的情况，英国一名叫做杰弗里·帕克的间谍经过长期思索，发现了一个解决盟军困境的好办法。在一九四二年十月，杰弗里·帕克将自己的想法写成一篇文章，寄给了英国海军上将蒙巴顿。他建议盟军在北极海域挑选巨大的冰块，经过处理后，冰块将被拖到大西洋作为飞机的基地。蒙巴顿将军看到这个想法以后，认为值得尝试。于是，蒙巴顿很快前去拜访了英国首相丘吉尔，并将杰弗里·帕克这个看似荒谬的大胆设想告诉了丘吉尔。同时，为了说服丘吉尔，蒙巴顿亲自带着从北极挑选的冰块样品到丘吉尔的浴池做试验。在看到冰块稳定性及融化速度的测试后，丘吉尔也对这个看似荒谬的计划产生了浓厚的兴趣，他立刻指示海军尽快对该计划进行论证。

经过连续几周的努力工作后，英国海军部终于拿出了“航空母舰”的设计蓝图：这艘奇特的“航空母舰”全部用冰制成，由二十六台发动机驱动，可以经受住鱼雷的袭击。“冰山航空母舰”全长一千米，完全能够供重型轰炸机起降。为了防止冰块融化，舰身还安装上冷冻管，不断输送冷气。

可是，就在英国海军部兴致勃勃地实施自己的计划的时候，一个致命的问题出现了。人们很快发现，由于“冰山航空母舰”表面的冰太过脆弱了，所以它根本经不起鱼雷等武器的攻击。难道这个计划注定是痴人说梦吗？在危急之中，有人为蒙巴顿将军推荐了一位澳大利亚籍的天才物理学家马克斯·佩鲁茨。

于是，在英国海军部的热情邀请之下，马克斯·佩鲁茨加入了“冰山航空母舰”的营造工作当中。他和助手们孜孜不倦地工作着，想要寻找合适的冰船材料。为了配合他的工作，英国政府秘密征用了伦敦附近的一家冷冻仓库。于是，在摄氏零下十五度的环境里，佩鲁茨及其助手穿着厚厚的防冻衣，进行了艰苦的实验。后来，佩鲁茨将棉花和木浆注入水中，然后再将混合物冷冻，制成一块块巨型的坚固冰块。接着，他们拿这种冰块做了射击试验，结果发现加入混合物的冰块的坚硬程度丝毫不亚于水泥，效果出奇的好。

在一九四三年八月，英国首相丘吉尔和美国总统罗斯福一起观看了这种“冰块水泥”的强度试验，随后，两人立刻决定投资制造一艘“冰山航空母舰”。按照修改后的计划，这艘冰制航空母舰长六百一十米，宽六十一米，厚四点六米，排水量二十二万吨，将成为人类历史上最大的军舰。而且，这艘庞大的舰船可以搭载两百架战斗机、一百架轰炸机及一百门高射炮。舰上还有强力制冷设备，随时可以冰冻舰体。这样，即使是在热带海域航行，冰山航空母舰也不会融化。

尽管如此，为了保险，技术人员还是先建造出一艘排水量达一千吨，长二十米，宽九米的模型进行试验。在水温摄氏十五度的水面上，这个模型试航效果非常不错，甚至在盛夏炎热的天气里也没有融化，这样的结果使海军内部那些持有不同意见的将领们大感惊讶。军方根据试验结果，对"冰山航空母舰"的前景信心十足。他们认为，"冰山航空母舰"能运输重型武器，它将使登陆行动变得非常容易。"冰山航空母舰"还有一个优点是，当它被鱼雷攻击以后，只需在受伤处注入冰水进行冷冻，很快就能修复，因此，"冰山航空母舰"是不会轻易沉没的。当然，它还是有缺陷的。它最大的缺点是航速较慢，时速还不到十公里。

战后，佩鲁茨回忆说，当时，帕克对自己想出的妙计感到十分得意，帕克甚至认为，只要建造出几十艘"冰山航空母舰"，就可以大举进攻日本。"冰山航空母舰"甚至还可以帮助盟军在日本登陆。虽然"冰山航空母舰"的呼声很高，然而，在建造过程中，"冰山航空母舰"还是不断地遭受到各种质疑。反对者们认为，建造这样的航空母舰是不合时宜的，除了它造价过于昂贵，一艘"冰山航空母舰"的造价高达八千万美元。更为重要的是建造的时间太过漫长。

很快地，关于"冰山航空母舰"的坏消息一个又一个地传来。从一九四三年开始，随着整个世界战争格局的逐渐变化，盟国在大西洋上的被动局面慢慢开始扭转，于是，建造"冰山航空母舰"的需求在不断地下降；紧接着，"冰山航空母舰"的坚定支持者蒙巴顿将军被调到缅甸，于是，在英国海军部内，反对建造"冰山航空母舰"的呼声逐渐占了上风。

到了一九四三年十月，英国人在亚速尔群岛新建了一个空军基地，美国方面又生产了大量护航航空母舰，担负起商船队的护航任务，在这样的情况下，“冰山航空母舰”已没有存在的意义。

一九四三年十二月，从各方面考虑以后，英国首相丘吉尔不得不宣布中止制造“冰山航空母舰”的计划，就这样，人类历史上最大的军舰计划胎死腹中。

天上的霸主

一九三四年七月，美国海军“休斯敦”号巡洋舰正在全速驶向夏威夷。与以往的航行不同的是，由于总统罗斯福也在舰上，舰上的人员个个神情紧张，神经绷到了极点。

“休斯敦”号巡洋舰已经离开美国海岸二千二百五十公里的时候，舰上的对空观察军官发现远处的天空中，突然出现了两个奇怪的黑点。他立即拿起望远镜，瞭望天空。“飞机！战斗机！”他大声叫了起来。在望远镜中，两架飞机越来越近，他已经隐约能够看清楚机腹下挂着的一枚大炸弹。这时候，几个沉不住气的舰员已经扣动了扳机。突然，两架飞机不约而同地拉起了高度，但方向并没有改变，机头仍一直指向“休斯敦”号巡洋舰。这时候，巡洋舰上的人顿时一片慌乱。总统随员们更是紧紧地把罗斯福围在中间。

很快地，飞机真的开始俯冲了！顿时，军舰上枪声大作起来。突然，观察军官看到了机身侧面的徽标，这个徽标出现在几个月前军方新编发的辨识手册中，是一个新成立的“梅肯”飞行中队的标志。对大多数美国军人来说，这还是一个不是很熟悉的标志。很快地，观察军官看清了机尾上的“美国海军”字样。“真的是自己人！这帮混蛋到底想干什么？”观察军官感到困惑不解。同一时间，巡洋舰上所有的人都看清楚了飞机上的标志，大家都呆呆地仰头盯着天空。

忽然，飞机上突然扔下一件物品。在众人瞩目中，投掷物准确地落在了甲板上。这是一个包裹，里面有一份报纸和几张纪念首日封，还有一张字条，上面写着：“梅肯”中队特向总统阁下邮递《旧金山日报》，并奉上“梅肯”号首发纪念封，希望阁下能喜欢。

罗斯福看了看纸条，又拿起了纪念封。上面画着一艘巨大的飞艇，左上方印着“好运伴随你！”的字样。紧接着，随行的海军高级官员向罗斯福解释了“梅肯”中队的飞机为什么能飞这么远。罗斯福听后，露出了会心的微笑：“打起仗来，这可是个秘密武器！”

“梅肯”中队的飞机之所以能够飞行得如此远，乃是它背后的“飞艇航空母舰”。二十世纪二三十年代正是世界经济处于大萧条的时期。然而，即使是在这个时候，美国还是投入了高达六百万美元的巨资，造出了当时世界上最大的两艘空中巨无霸——“阿克伦”号和“梅肯”号飞艇。美国花如此多的钱来制造“飞艇航空母舰”，目的是为了防范来自日本的威胁。当时，日本的军事力量越来越强大，海军的实力已上升到世界第三位。日本此时野心勃勃，与纳粹德国、意大利联合起来，组成邪恶的轴心国，四处侵略。美国与日本的关系因为太平洋地区的利益冲突而日益紧张起来。

这两艘飞艇长两百多米，直径四十米，容积达十八万立方米，总重量超过一百吨，被称为“飞艇航空母舰”。这种新型的飞艇之所以被称作飞艇航空母舰，是因为在它的下面还挂着五架“雀鹰”双翼单座战斗侦察机。这些战斗侦察机凭借时速一百四十公里、滞空能力超强的空中母舰，轮流值勤，为美国的太平洋沿岸筑起了一道坚不可摧的空中长城。

为了能够造出“空中航空母舰”，美国人决定发展第一次世界大战中德国人发明的齐柏林飞艇技术。在第一次世界大战中，德国的飞艇不仅有很强的侦察能力，还有着很好的实战成绩。它们曾空袭英国五十一次，投弹六千枚，炸死、炸伤人约两千人。在那个时代，这确实算得上是一件强大的空中武器。

但是，第一次世界大战中的德国飞艇因为装置有内装氢气，曾发生过惨烈的爆炸。于是，在开发空中飞艇的时候，美国人尤其注意这个问题。美国制造商洛克希德·马丁公司的工程师经过试验，改用了不易发生爆炸的氦气。这些氦气被分别填在十二个大隔间中，并以坚固的铝合金为骨架。不仅如此，飞艇上还装备了八台五百六十马力的活塞发动机，以覆盖五层明胶的厚棉布为蒙皮，力求坚固、耐用。此外，美国人还创造了钓钩技术来连接飞机与母舰。技术熟练的美国飞行员控制着飞机，让飞机的速度与母舰努力保持一致，把自己飞机上的固定“着舰钩”套进一个吊钩，最后完成飞机的回收。

经过长期研究开发，“阿克伦”号和“梅肯”号分别于一九二八年和一九三一年先后问世。这两艘空中航空母舰不仅航程远，而且有效载荷大，非常适合进行远程轰炸和侦察。另外，它们的结构和气体十分安全可靠，所以被称作“划时代的高科技奇迹”。

虽然这一研究被称为“划时代的高科技奇迹”，但是，“阿克

伦”号面世后，美国的飞艇航空母舰计划就频频出现了意外。它们面临一个在着陆前后都需要紧紧系牢的问题。有一天，一群美国的国会议员在试乘飞艇的时候就碰上了这样的麻烦。当时，一阵时速为八十公里的狂风吹来，把缓冲缆绳吹断，三名地勤人员被强风拉到了空中，其中两人被摔死，飞艇也受到严重的破坏。

一九三三年四月，在一个傍晚，“阿克伦”号再一次遭遇厄运。当时，它正在进行常规训练，突然，一股强烈的下降气流将它强行带到了海面。飞艇的头部朝上，尾部却掉进了海中。随后，在强大的外力作用下，飞艇迅速断裂。艇上本来有将近一百人，最后只有三人得以生还，美国飞艇计划的鼓吹者海军将军威廉·莫菲特也在艇中，并不幸遇难。

不仅是“阿克伦”号遭遇无情的命运，“阿克伦”号的姐妹艇“梅肯”号也遇到了同样的厄运。一九三五年二月，“梅肯”号正在加利福尼亚海岸外进行训练的时候，忽然遭遇到一股猛烈的阵风，风突然从艇首右舷方向吹来，艇身被大风吹动，产生了剧烈的摇摆，接着，飞艇尾部的垂直安定面断裂，断裂产生的碎片和铝架断口刺破了三个氦气气囊。于是，“梅肯”号失去了控制。意外发生以后，飞艇的乘员们迅速向艇外抛下各种重物以减重，最后，飞艇终于重新恢复了平衡，但是，“梅肯”号却已经开始坠落。幸运的是，由于飞艇体型巨大，下落速度非常缓慢，而这次“梅肯”号的指挥官海军少校威利正是“阿克伦”号的幸存者，所以他临危不乱，指挥训练有素，八十一人获救，二人不幸遇难。

仅仅是两次大风就带来如此严重的悲剧，这样的结局让人难以接受，于是，美国投入巨大人力物力研究的空中航空母舰计划受到了多方怀疑，美国总统罗斯福决定暂停相关的项目。到了一九三七年五月，在美国纽泽西，德国飞艇“兴登堡”号突然起火，烧死了五人。这一意外事件导致美国全国上下对“空中航空母舰”的质疑达到新的高潮。最后，美国政府不得不放弃了这一研究项目。

在美国人忙着制造飞艇的同时，苏联也在进行他们的“空中航空母舰”计划。与美国人的“飞艇航空母舰”不同的是，苏联人是以大型轰炸机作为母舰，将小型战斗机架在母舰上，或者挂在母舰下，形成一个空中战斗组合体。这个新鲜的战术被苏联人称作“连环计划”，或“寄生战斗机计划”。这一战术是在一九三一年六月由苏联空军科学研究院的瓦赫密史洛夫提出。

此后，苏联开始了长达十年的艰难研究。最开始，苏联的工程师们将两架战斗机安装在一架双发全金属轰炸机机翼上，如此一来，整个系统的起飞重量超过了一万公斤。试验中，通过一个管状的三脚架，战斗机起落架滑轮固定在轰炸机的机翼上，艉翼则固定在一个可折叠的三脚架上。

在一九三一年十二月，苏联的两架战斗机在三千米高空同时脱离母机成功，使战斗机的航程由三百四十一英里增加至三百七十二英里，至此，空中航空母舰计划取得了初步成功。

在这次试验的基础上，苏联又使用更好的战斗机和轰炸机进行了七种以上的不同组合试验。试验中，轰炸机母机携带的战斗机数量也从最初的两架增加到五架。其中，最有意思的一个设计方案是以一架母机携带着五架战斗机，再以几个这样的空中航空母舰组成机群，进行五到六小时的远程巡航，形成了一个强大的空中力量。但是，最后，从实用的角度考虑，苏联人采用了研究者们在一九三四年八月提出的用一架远程轰炸机母机携带两架先进高速小战斗机的方案。一九三七年，这一试验完全获得了成

功，于是，苏联开始批量制造这种“空中航空母舰”。此时，苏联也完全掌握了在空中以飞机回收飞机的先进技术。

与美国空中航空母舰中途夭折的悲惨命运大不相同，苏联的空中航空母舰计划不但顺利实施，还在对德战争中大显神威。在苏、德战争中，苏联开发出来的六架空中航空母舰被配备到苏联的黑海舰队海军航空兵中。一九四一年七月，这六架空中航空母舰投入了战斗。在此后短短一个月左右的时间里，飞机航空母舰多次成功地袭击了德军占领下的罗马尼亚康斯坦萨油田，以及这一地区为数众多的炼油厂和储油罐。在火力强大的德国空军的奋力拦截下，苏联方面除了两架小飞机被击落以外，其余没有任何损伤。

在一九四一年八月十三日，苏联空中航空母舰的远程和高速以及它们的战斗力对德军的破坏达到顶峰。当天，苏联攻击的目标是德国占领的一个横跨多瑙河的输油管和一座大桥。在空中航空母舰执行此次攻击任务之前，苏联的轰炸机曾对这座桥进行过多次攻击。但是，由于这座大桥具有极其重要的战略意义，因此，德国人非常重视大桥的安全，他们在大桥的周围密布了高射炮火。因此，在此前的多次行动中，苏联付出了沉重的代价，却没有占到什么便宜。但是，苏联对此攻击目标乃是势在必得。于是，在多次攻击仍然没有得手的情况下，苏联军队派出了最后的“杀手”——空中航空母舰。当天的凌晨三点钟，接到任务的三架空中航空母舰从克里米亚机场起飞，飞往目的地。到达目的地的上空以后，六架小飞机被释放，直扑大桥。结果，在德军的高射炮火还来不及做出什么反应之前，五枚两百五十公斤重的炸弹就直接炸毁了大桥，并进而摧毁了邻近的输油管道。回航的途中，这六架小飞机还顺便扫射了一支德军的地面部队。此次行动大获全胜。由于立了大功，领队的舒比科夫大尉还被苏联军方授予了“列宁勋章”。

此后，苏、德战场形势越来越恶化。为此，苏军不得不增加飞机航空母舰的攻击次数。虽然它们的战果十分显著，但是，由于过于频繁的行动，苏军的新型武器也被德军盯上了。很快地，德国将整整三个大队的战斗机派往克里米亚地区。于是，在数量众多的敌方战斗机面前，飞机航空母舰的数量劣势立刻暴露出来。那时候，苏联方面并不知道德军已经盯上了自己的飞机航空母舰，敌情已经发生了重大变化。十月二十三日，苏联方面派出了仅有的几架以飞机航空母舰为核心的机群前去轰炸德军的炮兵阵地，突然，它们遭到大量德国战斗机的疯狂围攻。在战斗中，体积庞大笨重的母机被敌机直接攻击，子机也被追得四处逃散，结果，任务没有完成，却几乎全军覆没。此后，苏军再也无力大量地制造空中航空母舰，也就再也没有什么办法发动空中航空母舰攻击了。

随着战争的结束，空中航空母舰永远地退出了历史舞台！

蝙蝠轰炸机

一九四一年的十二月七日，日本偷袭了美国珍珠港。当时，一位美国口腔外科医生莱特尔·亚当斯正在休假。

与其他被珍珠港事件震惊的数百万美国人一样，亚当斯开始积极地寻找一种适当的反击方法。这时候，他想到了用蝙蝠来轰炸日本东京。

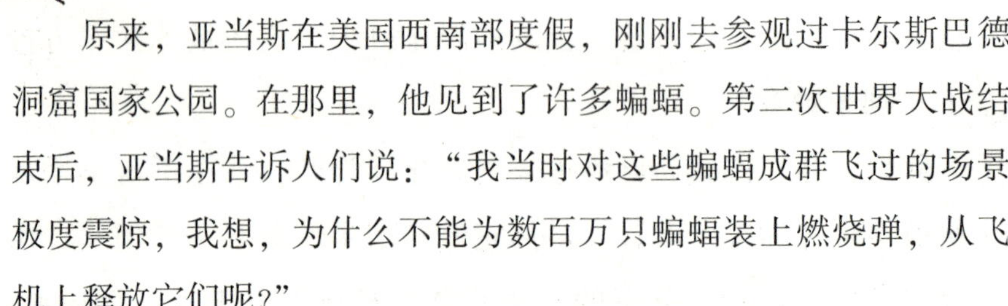

原来，亚当斯在美国西南部度假，刚刚去参观过卡尔斯巴德洞窟国家公园。在那里，他见到了许多蝙蝠。第二次世界大战结束后，亚当斯告诉人们说："我当时对这些蝙蝠成群飞过的场景极度震惊，我想，为什么不能为数百万只蝙蝠装上燃烧弹，从飞机上释放它们呢?"

因此，就在珍珠港事件爆发的这一年即一九四一年，亚当斯重新来到卡尔斯巴德洞窟国家公园。这一次，他抓了几只蝙蝠进行试验。紧接着，亚当斯开始查阅所有能找到的哺乳类翼手目动物的数据。通过对大量资料的阅读，亚当斯了解到，世界上的蝙蝠种类有将近一千种，平均寿命大约有三十年。在北美地区，最普通的一种蝙蝠是侏儒皱唇蝠，它在一夜之间能捕捉一千多只白蛉或其他蚊子大小的昆虫。每只蝙蝠虽然只重九克，却能携带三倍于己的重物。

进行了大量的调查以后，一九四二年一月十二日，亚当斯向白宫提出他的设想，建议投入资金研究把蝙蝠用作"动物轰炸机"的可能性。其实，一位口腔外科医生向罗斯福总统和美国政府提出这样的建议并没有什么奇怪的，在第二次世界大战期间，美国公民为了抗击敌人，纷纷向当局提出五花八门千奇百怪的方法，但大部分建议都是不成熟不现实的。但是，这一次，亚当斯医生的建议却受到了空前的重视，并通过了美国最高层专家的鉴定，成为少数被开了绿灯的项目之一。

过了没多久，美军就开始秘密从事这一项目的研究。这个项目由美国陆军化学战勤务局负责，并与空军合作，专门从事蝙蝠轰炸机的研究。该项研究的宣传者亚当斯与美国陆军部指派给他的生物学家们一起，寻访蝙蝠大量聚集的地点，主要是洞穴。当然，也有不少翼手目动物喜欢在阁楼、茅屋、垃圾场或其他地方栖息。

亚当斯回忆说："当时，我们四处奔走，大约查看了一千处洞穴，三千口矿井。我们白天晚上都在匆忙走路。累了大家就睡在车上，彼此轮流开车。"

他们发现，在找到的蝙蝠中，最大的是尖耳獒面蝠。这种蝙蝠翼展达到五十公分，从理论上来说，可以携带四百五十公克的高能炸药，但是，在北美地区，这种蝙蝠数量太少。在美国及其邻近国家，最多的是苍白洞蝠。这种蝙蝠只能携带八十五公克炸药，但是，到了后来，研究人员还是认定苍白洞蝠也不合适。最后，与亚当斯最初预料的一样，研究组选择了能携带二十八公克炸药的肥尾皱唇蝠。

与其他蝙蝠相比，肥尾皱唇蝠这种翼手目动物有着较大的优势：数量比较多，仅在美国的得克萨斯州奈伊洞穴就发现有二千万到三千万只之多。蝙蝠的数量太多，以至于成群结队地全部飞离洞穴就大约需要五个小时。不过，最初，研究组并没有用网大量捕捉这些蝙蝠。他们只抓了数百只放到带篷冷藏车内。这样的做法能够强迫它们过冬，进入休眠状态。另外，实验组又带上几只来到华盛顿，现场向军方展示了如何让它们携带炸弹。

在美国空军司令部代表参与的情况下，一九四三年三月，陆军研究小组进行了"散射燃烧弹方法试验"，以此确定使用蝙蝠运送小型燃烧弹到敌方目标上空的可能性。实验中，为蝙蝠设计的微型燃烧弹由菲舍尔博士负责。他一共研制了两种大小和重量各不相同的试验样品。这种样品由硝化纤维制成，呈长方形，里面装满煤油。两种炸弹一种重十七公克，燃烧时间达四分钟，火焰二十五公分；另一种炸弹重二十八克，燃烧时间六分钟，火焰三十公分。由于使用机械点火器会延迟点燃，因此实验使用了二

氯化物介质来侵蚀钢丝导线和撞针。此外，他们又借助手术夹和某种结实的细绳，把炸弹固定在蝙蝠腹部。准备就绪以后，实验者们把这些“动物轰炸机”放到一种特制的投掷箱里，由飞机运送到目标上空，再使用降落伞投掷。箱子内的温度会在降落过程中慢慢升高，蝙蝠会逐渐苏醒，随后便展翅飞行，释放炸药。

在进行第一次正式试验的时候，共有一百八十只携带炸弹模型的蝙蝠参加。蝙蝠炸弹箱从飞机上投掷下来以后，在大约三百米的空中自动打开，苏醒的蝙蝠开始携带着肚子上的炸弹飞行。一切都像预想的那样成功了。

第一次试验成功以后，为了进行新一轮试验，项目组成员在卡尔斯巴德洞窟又捕捉了三千五百只蝙蝠。一九四三年五月二十一日，第二次试验进行。固定了炸弹模型的蝙蝠被分别装进五个箱子，由 B-25 轰炸机带至一千五百米空中投掷。但是，这一次试验没有能成功，大部分蝙蝠没有从冬眠中苏醒过来，飞离箱子，所以被直接摔死了。结束后，大家进行了探讨，得出失败的原因很多，主要的原因包括投掷箱未能发挥应有的功能，手术夹弄伤了蝙蝠柔嫩的皮肤等。

一九四三年五月二十九日，陆军试验结束。在秘密试验报告中，卡尔上校写道：“用于试验的蝙蝠平均重九公克，携带十一公克重物没有任何问题，十八公克还算满意，但二十二公克就力不能及了。”

在最后进行的一次的试验中，实验者们大约使用了六千只蝙蝠炸弹。经过这次实验，美国陆军开始明白，要让蝙蝠炸弹这种秘密武器面世，需要使用能在空中延时开箱的新型降落伞，试验出新的炸弹固定方法，研制出更简单的点火器等。

但是，在一九四三年六月八日，卡尔在秘密报告中简短汇报说："在大部分试验材料被大火燃毁后，试验结束了。"原来，在最后一次试验过程中，模拟日本人村庄的房屋被彻底烧毁了。当时，由于工作人员粗心大意，致使房门大开。一些携带真正燃烧弹的蝙蝠飞走，落在了试验基地的车库上，车库连同里面的一辆将军坐的汽车全部被烧毁。

美军高层指挥官对这一事故的反应不太清楚。一九四三年八月，陆军把此项目移交给海军，后者更名为"X 光项目"，继续试验。在一九四三年十月，美国海军陆战队守住了四个蝙蝠洞穴，准备在需要时进行捕捉。据说，一夜之间就能抓住上百万只。

根据美国历史学家罗伯特·谢罗德的事后查证，美国海军的"蝙蝠轰炸机"首次试验开始于一九四三年十二月。海军部一共完成了大约三十次的实弹燃烧试验，其中四次规模较大，甚至请求了职业消防队员帮忙灭火。

数据显示，海军原计划的最大规模的蝙蝠炸弹试验本定于一九四四年八月进行。不过，美国海军高层欧内斯特·金将军很快明白，无论此次结果如何，在一九四五年年中以前，蝙蝠炸弹都不可能参加战斗，因此无法对战局产生积极的影响。于是，欧内斯特·金将军迅速下令，停止了当时已耗资两百万美元的项目试验工作。

对于这一命令，一直参与"X 光项目"的亚当斯医生感到非常伤心，他认为，蝙蝠轰炸机的攻击威力巨大，可能会超过一九四五年八月美国投向日本广岛和长崎的原子弹的威力。无论如何，这种美国政府寄予厚望的"秘密武器"还是遭到了夭折的命运！

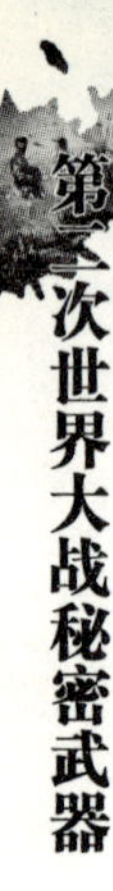

潜水坦克

近几年，韩国开发出最新的 XK2 主战坦克。很多媒体纷纷报道说这是世界上第一种水下坦克。其实，媒体的报道是不符合事实的。实际上，在第二次世界大战时期，德国曾经秘密开发和装备了一种潜水坦克。

德国不仅开发了世界上第一种潜水坦克，而且他们当时开发出来的坦克的潜渡水深远远超过当今世界上任何一个国家现役坦克的潜渡水深。当今世界上，西方国家的主战坦克只能潜渡最多四点五米的水深。即使是在比较重视潜渡装备的俄罗斯，其现役坦克也只能潜渡五米的江河。大家都知道，坦克渡河有着浮渡、潜渡两种方式。浮渡主要有两栖式浮渡和围幕式浮渡；而潜渡主要是适用于重型坦克的渡河方式，不过这种方式还是和河床的地理情况有关，如果淤泥太多的话恐怕还是有问题，并且还受通气管长度的限制，准备时间较长。所以，所谓潜水坦克也就是可以潜渡在水中的坦克。

德国之所以开发潜水坦克，是为了配合拟定在一九四〇年中期实施的进攻英国本土的“海狮”计划。为此，德国特意秘密研制和装备了 3 号潜水坦克。

当时，德国开发的潜水坦克乃是以原来的 3 号轻型坦克的 F 型和 G 型、H 型为基础进行的设计改装，一共制造了一百六十八辆。这些坦克后来隶属于德国的第三、十八装甲师。德国开发潜水坦克之所以不为世人知晓，是因为后来德国进攻英国的“海狮”计划被取消，所以这种潜水坦克不但没有在预想的战场上发挥作用，而且还在一九四〇年十月后中止了生产。最后，它们只是在苏、德战场初期的袭击布雷斯特要塞的战斗中，潜渡了布格河，稍稍地露了一手，随后再无用武之地。

德国对3号坦克的改装是将其发动机进口密封，再加上保护盖，其他可能发生渗漏的地方和机枪射击口、观察窗等都用防水材料密封。车身各部分的舱口、炮塔、装甲部分都安装上橡胶密封垫和防水顶盖等。从外观上来看，与普通的3号坦克相比，潜水坦克除了多出来的固定通气管和管道的支撑架以外，区别不是很大。不过，最重要的是，设计者们在坦克中安装了通气管和水下导航的陀螺罗盘。通气管里装有密封盖，排气管里则装有单向排气装置。在坦克潜水时，通过通气管，可以将空气引入舱内。通气设备则由一段长十八米的通气软管和它前端的浮标构成。在通气设备的浮标上，还安装了吸气口和无线电天线。输进坦克车舱的空气就是从浮标处进入的。当然，如果浮在水面上的浮标进水的话，那么坦克舱里也会被流入大量的水。所以，它被称为潜水坦克的生命线。

潜水坦克在水中前进时，其浮标浮在水面上，通过浮标口来供应车内的空气。不过，在水中前进时，人们只能通过炮塔上方的窗户观察外部，视野非常有限。所以，设计者们又在车内配备了陀螺罗盘和无线电，它们共同协作，以完成导航任务。即使做到了这些，潜水坦克的前进方向仍然是只能按照地图的指示。如果坦克在前方碰到大的障碍物的话，它要绕过去就是很困难的，几乎很难完成。如果最终不能穿过而被迫停在原地的话，那么潜水坦克就会成为极度危险的自杀武器了！

这种德国潜水坦克的最大潜渡水深可以达到十五米，能够在水下连续前进二十分钟。如果超过这个时间，车舱内的一氧化碳浓度就会过高，有可能会让坦克内的士兵中毒致死。因此，在水中前进时，潜水坦克的装填手需要不断测定舱内一氧化碳的浓度，一旦超过规定数值就要迅速浮出水面。当然，从十五米深的水下浮出来也不是一件很简单的事情。

在使用潜水坦克前，坦克必须由驳船运到近岸海域后，在离目标海岸不远的地方（当然水深不能超过十五米，要不就真的成为“潜水艇”了，而且是再也浮不起来的那种），再自行下海在水中前进直至海滩登陆。其实，如果“海狮计划”付诸实施的话，当英军看到那些突然从海里钻出来的坦克时，一定都会被惊呆吧！不过，这样戏剧性的一幕并没有在历史上真正上演。

事实上，这种潜水坦克的战术价值不是很大。因为采用了大量的密封材料进行防水，结果使得坦克上的武器都不能在登陆后立即使用，还需要花上一段时间，拆除这些潜水设备后，坦克才可以发挥真正的战斗力。当然，如果用这种坦克突袭防守薄弱的守军，或者利用其战术进行突然袭击的话，效果应该还是很不错的。不管怎么样，德国人可以在第二次世界大战中开发出这种性能的潜水坦克，可见其战术思想的超前和技术的先进和严谨。毫无疑问，无论是在第一次世界大战还是第二次世界大战，即使是战败者，德国人的军事力量还是不容轻视的！

“追我的查理”的克星
——电动刮胡刀

一九四三年八月二十七日，盟军一艘名为“白鹭”号的军舰与另外一艘军舰在大西洋上的比斯开湾护航时，遭到了德国空军的猛烈攻击。当时，两架德国的“道尼尔”DO-17 轰炸机向它们发射了四枚制导炸弹，其中一枚准确地落在“白鹭”号的甲板上。

炸弹产生的剧烈的爆炸使舰上二百二十五名盟国水兵全部魂归大海，而军舰也沉落海底。让“白鹭”号舰毁人亡的正是德军的秘密武器——编号为 HS-293 的制导炸弹。

从一九四三年下半年开始，德国人在他们的轰炸机上都装备了这种有五百公斤重的新式空投武器。它装有无线电接收装置，并在尾部安装了助推器，能在无线电指令的控制下自动调整飞行方向。从理论上讲，HS-293 能在轰炸机飞行员的遥控下，准确地击中任何目标。HS-293 的准确性之高，凡是目睹过 HS-293 攻击的盟军官兵都给它取了个形象的绰号——“追我的查理”。

在“白鹭”号遭到袭击之后，比斯开湾的盟军船只不断出现被“查理”“追赶”的情景，盟军损失惨重。面对“查理”越来越疯狂的进攻，为了阻止“查理”的“追赶”，盟军必须尽快找出对付这种秘密武器的方法。因此，英国皇家海军决定使用一招“苦肉计”：他们派出一支搭载科学家的小型舰队进入比斯开湾，引诱德国人使用 HS-293 攻击。这样做是为了给科学家们创造一次

实地考察的机会，以便他们能在第一现场研究出干扰飞机和炸弹之间制导信号的方法，而“诱饵”舰队的任务落在了英国皇家海军的第二支援舰队头上。

德国人的反应出奇的快，第二支援舰队刚刚进入比斯开湾，就遭到了他们连续十二次的攻击。随行的科学家们对满天乱窜的“追我的查理”根本束手无策，他们把带来的仪器弄了半天，也没能找出干扰其制导信号的办法来。幸运的是，舰队指挥官沃克很有实战经验，在这样的紧要关头仍能临危不乱，每次都指挥军舰灵巧地躲开德国人的攻击。

到了第三天，盟军的机会来了。德国轰炸机向第二支援舰队中的“野鹅”号护卫舰接连发射了两枚 HS-293。原本“野鹅”号已经无处可躲，两枚炸弹却突然踉跄着偏离了原定的正确方向，远远地落入水中！

科学家们对这一幕大感兴趣，他们要求军官们立即去调查炸弹扔下来时舰队的水兵们是不是在使用什么电子仪器。事情很快弄清楚了：德国人的炸弹扔下来时，舰队另一艘护卫舰“燕八哥”号上有位军官正在使用电动刮胡刀刮胡子。得知这一消息后，科学家们立刻兴奋起来。他们意识到，可能是工作中的电动刮胡刀影响了德国人的制导炸弹！

为了验证这个猜测，沃克指挥舰队驶向离海岸更近了一点儿的地方，以吸引更多的德国轰炸机和“追我的查理”。果然，在舰队行驶了没多久，整整一个中队的德国轰炸机就带着“追我的查理”蜂拥而至。沃克也早有准备，在德国轰炸机接近舰队的同时，他下令将舰队中仅有的四把电动刮胡刀集中在一起，在德国轰炸机发射“追我的查理”的一刹那，把它们全部打开。这一冒险的试验竟然成功了。小小的刮胡刀竟然让德国人发射的 HS-293

全部失灵，像密集的雨点一样纷纷落入海中！

这究竟是什么原因呢？经过科学家们的仔细研究，大家发现原来电动刮胡刀转动的时候会产生微弱的电磁波，这些电磁波的波长恰好与制导 HS-293 炸弹的无线电波波长相似，因而对 HS-293 的遥控指令产生了影响。这就好像现在我们看电视或听广播的时候，如果有人在附近使用电动刮胡刀，也有可能出现这样的现象：电视屏幕上布满雪花、广播里会充满“沙沙”的声音。这就说明电视或广播信号也受到了电动刮胡刀电磁波的影响。

无意之间，一个小小的电动刮胡刀居然让德国人的秘密武器失去了准头。科学家们的发现给盟军带来了意外惊喜。德国人无论如何也不会想到，电动刮胡刀竟然会成为“追我的查理”的克星。

食物也疯狂

在第二次世界大战中，面对严峻的形势，面对不是你死、就是我亡的战斗，各国开发出众多武器，可以说是无奇不有，甚至连不起眼的食物也成了神秘的武器。

不久之前，英国伦敦著名的史宾客（Spink）拍卖行拍卖了第二次世界大战时期英国特工留下的两颗用于传递情报的李子干。谁也不会想到，在第二次世界大战时期，这两颗普普通通的李子干竟是特工用的一种秘密武器！

其实，在第二次世界大战中，盟军特工常常在一种特殊的李子干里填满地图或其他秘密文件，偷偷携带给关押在集中营中的

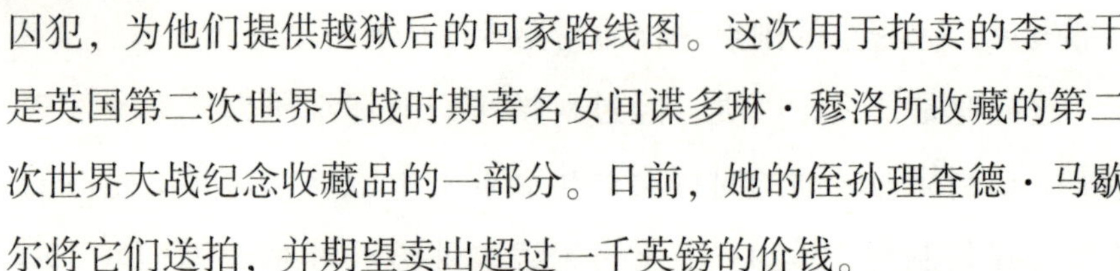

囚犯，为他们提供越狱后的回家路线图。这次用于拍卖的李子干是英国第二次世界大战时期著名女间谍多琳·穆洛所收藏的第二次世界大战纪念收藏品的一部分。日前，她的侄孙理查德·马歇尔将它们送拍，并期望卖出超过一千英镑的价钱。

据了解，穆洛曾经是英国特别行动委员会（Special Operations Executive）的一名成员。她是英国人，在第二次世界大战爆发以前嫁给了一名法国人并随后移居法国。一九四〇年，她发现丈夫有外遇后返回了英国。她在伦敦继续与法军一起对抗占领法国的德军，并且加入了特别行动委员会（SOE）。特别行动委员会是第二次世界大战时期由丘吉尔和休斯·道尔顿组织建立的；之所以要建立这一组织，是希望在敌人的后方实施非军事交战的秘密抗敌行动。在福尔摩斯系列侦探小说问世后，特别行动委员会有时也被人们称作“贝克街小分队”（福尔摩斯小说中的特工组织）。

第二次世界大战结束的时候，穆洛退休，从那时起，她就开始收集很多与战争有关的物品。在她的收藏品中，还包括伪造的德国官方橡皮图章和伪造的在集中营中可供囚犯当作钱币使用的金属板。此外，还有那些被制作成类似日记本、食谱、健康手册和小字典的反德国法西斯宣传册，里面记录了对敌军实施破坏活动的详细说明。

穆洛的侄孙马歇尔向美联社记者透露说，他的姑祖母曾经住在伦敦北部的一所大房子里。在那所房子里，有一间大浴室专门供特工制作特殊的李子干。在这里，特工们将坚硬的李子干用水泡软后，仔细挑出果核，再小心翼翼地将用蜡纸包裹好的秘密纸条卷好，放进果子里，最后再将李子晒干，并装入食品袋中送给狱中的囚犯，帮助他们越狱后找到回家的路。马歇尔说，藏在李子干里的地图上详细地绘制着欧洲铁路线。他还说：“我的姑祖母向我叙述了她和一名同事在浴缸旁边制作李子干的过程。她说：‘当李子干被水泡胀后，就小心取出果核。一定要小心，不能破坏李子干的外观。此后，塞入蜡纸文件，再将李子烘干，最后装入红十字会的小包里，把这些李子干送给狱中的盟军战士。李子干是一种独创的秘密武器，不是你所见的常规战争武器。’”

据马歇尔透露，姑祖母“保留了这两颗李子干做纪念”，但它们从没在秘密行动中使用过。史宾客拍卖行发言人埃米莉·约翰斯顿介绍说：“它们（即将拍卖的两颗李子干）非常坚硬，它们被保存到现在真让人惊讶。”

死亡引信

许多军事历史学者都认为，盟军之所以能够战胜纳粹法西斯，取得第二次世界大战的胜利，很大程度上要归功于三项关键性军事技术。到了今天，雷达、原子弹这两种曾经的秘密武器已经是家喻户晓了，但是，排名第三的近炸（变时）引信可就不那么出名了。

在第二次世界大战爆发之前，世界上各种类型的炮弹使用的引信只有定时、触发（炸）引信两种。但是，到了后来，面对性能迅速提升的航空器，上述两种引信的对抗效能已经大打折扣。美、英等国很快意识到，在战争中，特别是在海洋环境下，军舰要想抵挡住敌方战斗机的凌厉攻势，没有反应更灵敏的新式引信是根本不可能的。

雷达是英文 Radar 的音译，意思是“无线电探测和测距”。它是利用电磁波对障碍物的反射特性发现目标的一种电子装备。通常由收发天线、发射机、接收机和显示器组成。雷达能在黑暗和烟雾中发现远距离的目标，为己方提供情报，并在能见度很差的情况下，控制火力射击。曾有人做过统计，在第二次世界大战初期，高炮击落一架飞机要消耗五千发炮弹。到第二次世界大战末期，尽管飞机性能已大为提高，但用雷达控制高射炮进行射击，击落一架飞机平均只需五十发炮弹。

与雷达的发明一样，近炸引信研制成功同样被专家认为在很大程度上改变了二十世纪战争的进程。近炸引信在接近目标时，靠对目标的感应引爆传爆系统使弹药起爆，它同样借用了雷达的原理。美国人设计制造的第一个装有小型雷达装置的雷达近炸引信，被用来对付入侵英国领空的德国飞机，取得了不菲的战果。

其实，最先着手研制“近炸引信”的是英国人。从一九三九年起，英国的科学家们就致力于这方面的研究。但是，虽然经过多次试验，他们一直未能取得成功。到了一九四○年初，美国约翰·霍普金斯大学应用物理实验室 T 处的默林·A·图文博士接手这项工作。这个时候，英、美两国的研究人员在近炸引信的设计原理上已经基本达成一致意见，他们认为：“近炸引信”的核心配件是装在引信中的微型收发器，该设备接收目标信号回波达到一定频率的时候（离目标距离最近时），内置的电路就会自行点火，引爆炮弹。

一九四一年十月底，大名鼎鼎的美国克莱斯勒公司意外地接到了美军弹药署寄来的一份标有“顶级优先”和“绝密”字样的合同。公司副总裁路易斯·M·克莱蒙特认为，克莱斯勒公司之所以会被弹药署选中，主要是因为公司拥有生产大批电子组件的经验。一个月后，克莱斯勒公司又接到美国海军的紧急要求，他们要首先为海军提供五百枚变时引信，交货时间定得很急，被限制在该年的十二月。从不久之后发生的珍珠港事件来看，这件发明真是来得相当及时。

最初，这项技术只能应用到海军的防空系统中，而这么做的唯一理由就是为了防止哑弹被敌人获得。一旦敌人也掌握了这门技术，那么盟军的空中优势将很快化为乌有。

从一九四二年九月起，克莱斯勒公司开始大批量生产变时引信，每天的产量高达一万六千枚。在一九四三年五月发生的瓜达喀尔纳尔岛争夺战中，美军轻巡洋舰“海伦纳”号两个舰炮齐射，当即击落日军一架俯冲轰炸机，这也是近炸引信的首创战绩。

此后，近炸引信屡建奇功。一九四四年十月至一九四五年一月是日军“神风”自杀式攻击最疯狂的时期。当时，使用近炸引信的一百二十七毫米速射炮（盟军海军主战高射炮）击落一架敌机仅需要三百一十发炮弹，而使用普通引信的高炮至少需要一千一百六十二发炮弹。据军事历史学家拉尔夫·鲍迪温在《死亡引信：第二次世界大战秘密武器》中的统计，从一九四四年十月到战争结束，美军防空炮火击落二百七十八架敌机，其中，由普通引信炮弹击落的仅四十六架。对这一战绩，美国海军部长詹姆斯·V·福莱斯特不无得意地说：“近炸引信帮助我们一路杀向日本。”

英国首相丘吉尔则评论说：“这些美国制造的所谓近炸引信，在对付一九四四年德国人的 V-1 无人飞行器中表现极为出色。”至于挥师向东猛攻的铁血将军巴顿则不无诙谐地说：“这种有趣的小引信简直可以说为我们赢得了‘突出部战役’（阿登战役）。

我觉得，哪天我们所有的部队都有了这种炮弹，那我们就不得不重新考虑打仗的方法了。”

“玉碎”计划

在日本“八一五”投降纪念日即将来临的时候，两名东京学者拿出的最新研究成果让美国人感到心惊胆战。

数据显示：在日本宣布投降以后，从中国东北秘密撤回国内的日本七三一部队石井四郎中将曾经手书密令，要所属部队官兵用鼠疫等生物武器突袭即将大规模进驻日本列岛的美军作战部队，炮制“细菌战珍珠港”事件！发现七三一部队石井四郎中将阴谋手令的是两位日本人，即常驻美国的日本记者青木蕗子和神奈川大学著名的教授常石庆一。

青木蕗子从当年石井四郎的文职随员那里获得了这份指令的复印件，经常石庆一教授研究后，他们断定这确实是石井四郎亲笔所书。这份写在一个大笔记本上的手令详细描述了日本天皇宣读投降诏书后的第二天——八月十六日起至二十七日期间，七三一部队的详细行动。这份文件的内容让一直从事七三一部队历史和生物武器研究的常石庆一教授吃惊地发现，七三一部队不但在日本投降之前秘密制订了对美军实施“自杀式”细菌战的计划，更在天皇宣布投降后，密谋对登陆日本的美军发动“细菌战珍珠港”：他们计划以七三一部队数千名官兵的“玉碎”来换取数十万美军的性命！这主要依靠三种手段的实施：中国“圆木”、满洲“跳蚤”与“日本美女”。

文件中显示，石井四郎中将曾下令：“尽可能多地将‘圆木’和满洲‘跳蚤’从满洲抢运回国，民用船只也可以动员起来运送武器与装备。由于美军将于八月二十五日由东京附近的相模湾登陆，所以我们要抢在他们之前将细菌战武器分布在日本全国，伺机对进驻日本的美军发动全面细菌战争。”

中国“圆木”指的是携带细菌的中国受害者。根据日本关东军第一五三九号命令，“石井部队”曾把中国平房地区一百二十平方公里划为特别军事区。七三一部队在活体试验中心——“四方楼”中央秘密建有“特设监狱”。他们将被实验者称为“马鲁他”，即“圆木”的意思。七三一部队主要采用“特别移送”获得“圆木”，就是由各宪兵队不经过审判，将在各地抓获的中外人士秘密押送到七三一部队监狱。七三一部队成立之初，也曾到大街上任意抓获普通老百姓当作“圆木”。据《前日本陆军军人因准备和使用细菌武器被控案审判数据》中七三一部队原队员供述，仅在一九三九年至一九四五年之间，七三一部队就将至少三千名中外人士直接杀害在各种活体试验中。七三一部队原队员还供称，一九四五年八月，在溃退前，七三一部队杀死了所有的“马鲁他”，没有一名幸存者，但现在看来，七三一部队的供词并不完全真实。他们极有可能秘密运送了部分的“圆木”回日本。现在我们之所以没有这方面的证据，极有可能是因为在日本的阴谋破产后，这些“圆木”在日本被杀害了。

满洲“跳蚤”指的是沾染了细菌的跳蚤。这一武器由七三一部队第四部提供（第四部是“大型生产细菌战武器的制造厂”，一次性可以培养近八吨各种细菌营养液，可培育出四万万亿微生物，一个月内就可生产鼠疫细菌三百公斤、伤寒症细菌九百公斤、炭疽热病菌六百公斤、霍乱病菌一千公斤，其中，第四部每

三四个月生产四十五公斤跳蚤，相当于一亿四千五百万只!)。

“日本美女”则是一个比较疯狂且不成熟的设想，军方打算由甘当“自愿者”的日本女性充当携菌人，然后与美军的高阶层军官进行“亲密接触”，以此达到“奇袭”的效果。其实，这也并非是石井四郎的“突发奇想”。事实上，在此之前，日本就出现过战争史上最肮脏的“金马计划”。金马是日本一名著名人体病毒学博士，日本军国主义的疯狂追随者。一九四二年春，他带着自己的科研成果向日本军部提出了一个无耻的建议：原来，太平洋岛屿的土著居民性格粗犷豪放，此地的天气也很炎热，因此女性也多袒胸露腹，甚至有不着裙裤者。在这里，性关系比较混乱。而众所周知的是，在太平洋作战的美军士兵性行为一向不检点，他们在接触土著妇女的时候，面对衣着极少的女性，极易做出荒唐事。因此，金马建议说，在日军撤出这些太平洋岛屿前，可先通过一些辅助手段，让岛上的妇女感染上性病病毒，以期在美军士兵中迅速传染，削弱其战斗力，皇军则可不战而胜。为了挽回败局，在一九四三年春天，丧心病狂的日本军部采纳了“金马计划”。为获得大量性病病毒，金马带着助手们日夜奋战，在他的实验室里培养了各种病毒，除一般淋病、梅毒外，还有一种俗称“雅司病”的热带性病病毒，感染后生殖器会腐烂流脓，并且绝无医治的特效药。患者一旦感染，很快就会毙命。金马的性病病毒既有针剂注射，也有口服片。在一九四四年，金马的各种性病病毒已经准备就绪。他率领一支由医生、护士和检疫人员组成的“特种作战部队”，从日本本土搭乘一艘大型潜艇，携带一大批这种世界上最无耻的“武器”，开赴太平洋马里亚纳群岛，想要给土著妇女们接种病毒。不过，这一阴险卑鄙的计划并没有能够实施。

这一次，石井四郎的计划被日本军方自己阻止。八月二十六日，在驻日美军先头部队登陆日本前两天，日军最高层给七三一部队连续下达了多道措辞严厉的命令："不得做无谓的牺牲！""伺机等候未来的时机！"这些指令来自日本帝国陆军总参谋长与副总参谋长。

日本帝国陆军最高层为什么会喝停七三一部队的疯狂举动呢？

常石庆一教授认为，这其中有很大一部分原因是因为可操作性差的问题。由于当时日本已经投降，要再想从中国东北运"圆木"到日本的可能性几乎为零。另外，有其他的学者认为，帝国陆军最担心，同时也是喝停七三一部队疯狂阴谋的根本原因，是为了保住日本人自己的性命，甚至要避免"绝种"的风险。

说到"绝种"并非耸人听闻。尽管七三一部队握有细菌武器的部分"解药"，但是，由于多年的战争，日本国内的防疫系统和药品生产能力已经全部被摧毁，一旦细菌武器在日本列岛发挥作用，日本民族可能会被它自己制造的武器毁灭。

此外，还有可能是因为日本高层担心美军的报复。一九四五年，广岛、长崎的原子弹经历已经完全摧毁了日本军人的意志。一旦七三一部队的计划得手的话，美军在细菌武器下必然伤亡很惨重，这不会排除美军对日本再度动用原子弹实施报复的可能性。一旦美国再次动用原子弹，也会让大和民族"绝种"。

专家们认为，正是从上述原因考虑，帝国陆军最高层喝停了七三一部队的疯狂。不过，考虑到人们得到的石井四郎中将手书指令并不完整，而在美军抵达前，日本帝国陆军又销毁了大量的绝密数据，所以究竟是什么原因让帝国陆军喝停七三一部队的疯狂，石井四郎中将怎样反应等内幕已经无从得知。

超级大炮

一九四二年的夏天，在苏、德战场的南部地区，希特勒调集了共二百三十七个师的兵力，发动大规模的进攻，妄图一举歼灭部署在顿河东岸的苏军，进而攻占著名的高加索石油区。德国人对这一地区觊觎已久。

为了抵抗德国军队的进攻，苏联军队在塞瓦斯托波尔战略要地修建起坚固的防御工事和地下弹药库，决心进行持久的防御。

有一天上午，苏联的阵地上突然传来轰隆隆的巨响。紧张的苏联人立刻四处查看，才发现一座秘密弹药库发生了意外爆炸。当时，人们感到很疑惑，要知道，这座弹药库是动员数千军民经过长期的苦战建造起来的。为了防御敌机猛烈轰炸或强大的炮火袭击，弹药库被建造在地下三十米的深处，上面覆盖有厚厚的钢筋混凝土。在弹药库里面，贮藏了大量的武器弹药。那么，究竟什么原因引起这次爆炸？长期以来，由于一直没有确切的证据，众说纷纭。有的人分析说是德国的斯图卡轰炸机扔下了巨型炸弹，有的说是德国派遣间谍破坏的。一直到战争结束后很长一段时间，美国的一个军事刊物才披露出真相，据说在清理废墟的时候，人们发现一个直径特别大的弹坑。从这个弹坑推断，德军应该是使用了超重型火炮发射的巨型炮弹击中了弹药库，引起连锁反应般的弹药爆炸，才毁灭了这座坚固无比的地下建筑物。

是什么样的巨型炮才拥有这么大的威力呢？

在仔细翻阅资料之后，人们发现了真相。原来，希特勒上台后不久，就开始处心积虑地研究征服世界的策略。为了突破法国人构筑的马其诺防线，他下令秘密研究制造超重型火炮。陆军兵工署的武器专家们经过多番试验考证，提出这种重炮的射程应在三十二公里以上，炮弹的威力要能穿透一米厚的钢板或二点五米厚的钢筋混凝土墙。于是，研究这样的武器的任务交给了克鲁伯兵工厂。接受任务后，他们对当时所有的野战火炮、铁道炮、要塞炮进行研究，得出的结论是现有的武器无法达到要求，因为，要摧毁号称是固若金汤的马其诺防线，至少需要用七百毫米口径的巨型火炮才能达到。在一九三六年的三月，希特勒亲自视察了兵工厂，决定试制八百毫米的火炮。

一直到一九四二年初，德国人才制成了一门超重型巨炮，这门巨炮乃是用克鲁伯家族的“古斯塔夫”的前缀名命名。希特勒本人和军需部长斯佩尔出席了武器的验收仪式，军方以七百万马克的高价购买了它，并以设计者的妻子的名字命名为“多拉”。

“多拉”炮的炮管长达三十二米，在战斗状态的时候，火炮全长会达到五十三米，高十二米，全重一千四百八十八吨。在进行装配、运输和射击试验的时候，这样的庞然大物遇到了极大的困难。在试验弹道性能时，装弹机还不太完善，人们只好用一台起重机把重达四吨的炮弹吊送到炮身尾部，再用一辆轻型坦克把它猛地推撞到炮膛里面。而为了把火炮运送到试验场，工程师们又特地设计了三辆构造特别的巨型运输列车。在运输的时候，问题又出现了。当时，沿途很多的桥梁无法承受这样大的重量，列车只好绕过很长的弯路行驶。到达阵地后，又得先用两台巨型起重机吊装底座，然后安装炮架、炮管和装弹机构。全部工作由一名少将指挥了一千四百多名士兵经过三个星期的奋战方才完成。高矗起来的巨炮固然十分雄伟壮观，却也目标明显。因此，为了预防苏军的飞机轰炸，德国人在阵地四方都部署了高炮部队和警戒飞机，大量步兵、巡警和警犬则在周围十公里内的范围里面日夜巡逻。一旦发现敌机轰炸，立即由化学兵施放烟幕掩护。据统计，参加“多拉”炮的指挥、操作、警卫的总人数达到四千人以上，它的炮弹也是骇人听闻的，每一枚穿甲弹重七点一吨，一枚高爆弹重四点八吨，推进燃料在一点八吨到两吨。

巨炮是用来攻击马其诺防线，可是，这时候法国已经向德国投降，而东面的苏、德战场上迫切需要重型火炮，于是，“多拉”炮就被运到了遥远的黑海之滨。“多拉”炮的第一个任务就是袭击塞瓦斯托波尔的地下工事。

到了八月中旬，它又被运往伏尔加格勒。但是，德国在此战中还没用上“多拉”炮，就已经惨败。九月，为了避免被俘，“多拉”炮又被匆匆从苏联运回德国。因此，大家一直不知晓“多拉”炮这种秘密武器。

一九四四年，“多拉”列车炮又汇同“卡尔”、“洛奇”和“迪沃”等巨型臼炮参与了对华沙起义的镇压行动。在苏联重兵压境、自身难保的情况下，为镇压波兰人民的反抗，德国不顾弹药吃紧的情况，极其残酷地有组织和分步骤地对华沙城进行了炮轰和爆破，华沙全城几乎被夷为平地。

一九四五年四月，德国战败的命运已经注定。德国工程师为免被缴获，拆除了“多拉”炮。盟国军队只缴获了这门巨炮的一些配件，此外，德国的希尔雷本靶场还发现过一根炮管和几发炮弹。

长眼睛的水雷

一九四二年，在辽阔的大西洋海域，一场秘密而又惨烈的海底战争正打得如火如荼。对峙的双方一方是德国的潜艇部队，另一方则是美、英的同盟国海军。为了打赢这场重要的海洋战争，双方军队斗智斗勇，祭出了一件又一件新式的武器。

在一九四二年，各国都已经装备有雷达、声呐这些新型的侦察探测装备，因此，在大西洋海战最初，战争双方都是用（雷达）射线相互搜索，靠计算尺和图表来盲目地摸索着对方的方位，然后发动攻击。刚开始，依靠航空母舰和众多的舰载机，美、英海军占据着水面优势，不断对水下的德军潜艇发射出深水炸弹。盟国的水兵们有的转动标度盘，透过凝霜的玻璃舷窗极力搜索；有的坐在（声呐）测听器前，细心侦听着水下那单调的“砰砰”的水中回声。如果此时海面上出现了油污的痕迹，盟军舰船上的仪器便会赶紧收集取样化验，以便分析德军潜艇是否受了致命伤。如果水下出现了“咕咕”的冒泡声，那一定是德国潜艇临终前发出的哀鸣，随后，必然就是上浮的德国潜艇残骸和艇员的残肢。

为了对抗盟军的海面封锁，德国兵器专家不得不拼命动脑筋，努力寻找解决方案。但是，舰船航行的时候不可能没有声响，究竟该怎么办呢？后来，德国的武器专家从舰船音响联想到电话，他们竟然反其道而行之，利用舰船发出的声响作为引爆水雷的条件，发明了音响引信，制造出音响鱼雷。

这种“闻声而炸”的秘密武器就像一只寻嗅兔子气味的狗，仔细地搜寻着舰船发出的声音。无论船转到什么方向，它总能准确无误地跟踪攻击。德军潜艇总会朝着盟军航空母舰所在的大概方向发射音响鱼雷，而盟军航空母舰推进器发出的全部宽广音域就像真空吸尘器一样，吸引着鱼雷。

一天清晨，大家吃过早饭后，盟军的旗舰“希科克斯”号航空母舰正在大西洋上缓慢航行。突然，水下发出一声沉闷的巨响，舰体立刻被撕开一个大洞，舰上那些准备起飞的飞机也起火燃烧；接着，第二颗音响鱼雷又击中了舰尾，鱼雷穿透两层甲板，在第三层甲板靠近军官住舱的地方爆炸。巨大的爆炸震动全舰。烈火大作，冲起三十多米高。烟柱直冲云层之上。此后，爆炸声接二连三，大火和浓烟立刻笼罩了“希科克斯”号庞大的身影。当时，甲板上的飞机加满了燃油，挂满了炸弹。大火引爆了炸弹和火箭，在航空母舰上引起了可怕的连锁反应。弹片和火箭四处横飞。大火迅速蔓延开来，不断引起新的爆炸和燃烧。两部升降机均被破坏。几十架飞机被炸成碎片。爆炸导致数百名水兵直接丧生。全舰陷入一片混乱。

过了没多久，“希科克斯”号开始慢慢向水中倾斜。爆炸和大火仍在持续。爆炸波及到机舱。“希科克斯”号早已被自身的连锁爆炸和大火折磨得面目全非。九点三十分，“希科克斯”号的锅炉正式停止工作，巨大的螺旋桨沉默了。此时，该舰的右倾情况更加严重，甲板几乎已经触及了海面。盟军航空母舰编队内的其他舰船赶紧围上来抢救。“匹兹堡”号（CA-72）巡洋舰在“希科克斯”号舰首拉上布缆阻止它继续倾斜。在大家的齐心协力之下，“希科克斯”号终于停止了倾斜。“圣菲”号再次靠近它的左侧，以前主炮做支点，用粗大的钢缆系住“希科克斯”号，开足马力向后拉，竭力矫正巨大的航空母舰歪斜的躯体，并防止其再次倾斜。而盖尔斯舰长自救的决心和全舰官兵的全力抢救也渐渐地发挥出作用。尽管零星的爆炸还在发生，火势仍然很猛，浓烟甚至冲上云空达两千米高，但“希科克斯”号航空母舰总算避免了倾覆的命运。

此次，盟军的航空母舰遭受了极其严重的创伤，这一切，就是德军那循声而至的秘密武器——音响鱼雷造成。那么，为什么德军的音响鱼雷会像长了眼睛一样地盯上盟军的旗舰呢？原来，这种音响鱼雷还有能在船队中挑选最大攻击目标的本领。当一条小船在一个大些的目标旁边行驶时，鱼雷会甩开小船，扑向噪音更大的船。

为了对付这种音响水雷，在短时间内，同盟国的武器专家们集思广益，竟然提出了十四条对策。他们的总策略是“在己方军舰不在之处，制造超过军舰所在处噪音的更大噪音，以扰乱视听”。于是，盟军制造出了噪音制造器，在海洋中，当投放出这种噪音制造器后，可诱使音响水雷经过一个又一个噪音制造器，直至脱离目标区。依靠这种方式，盟军终于改变了被动挨打的局面。德国的秘密武器方才失去了本有的价值！

“回天”也无力

熟悉第二次世界大战史的人都知道，在第二次世界大战末期，日本帝国主义为了挽救自己失败的命运，专门研制生产了

一种代号为“神风”的自杀飞机，并组建了为数众多的“神风特攻队”，广泛地投入到太平洋战场上，试图用一种鱼死网破自杀性攻击来遏制美军的进攻。但是，也许很少有人知道，早在“神风”自杀飞机之前，日本就研究生产了一种名为“回天”的自杀鱼雷艇，并组建了数支同样性质的“水下神风特攻队”。在停战前三个月里，这些鱼雷艇频频袭击盟军的舰艇及运输船队，并准备用来保卫日本本土和被其占领的台湾地区。

一九四四年七月，美军攻占了塞班岛。紧接着，美军火力强大的 B-29 轰炸机进驻塞班岛，此后，美国的轰炸机开始频繁地对日本本土进行轰炸。于是，日本在太平洋上苦心构筑的防线面临着崩溃的局面。

在这样严峻的局势下，日本海军加快速度，秘密研制出了一种自杀式攻击武器——“回天”式人控鱼雷，准备以这种“肉雷”去撞击美军的钢铁巨舰，以挽回败局。

“回天”式人控鱼雷是用普通鱼雷改装而成的。在普通鱼雷上装上乘员舱和操纵装置就制成了这种自杀武器。它的排水量为八点五吨，长十四米，航速三十节，航程四十海里，装五百五十公斤炸药。这种鱼雷由一名敢死队员驾驶，队员可以操纵鱼雷驶向目标，两者冲撞后就能引爆炸药，与敌舰同归于尽。

一九四四年十一月，日本的首批“回天”式人控鱼雷以潜艇载运到了作战海区，准备去攻击美国船队。然而，美国船队的反潜力量十分强大，日本的潜艇还来不及放出“回天”式人控鱼雷，大部分潜艇就遭到毁灭性打击，只有少数几枚“回天”式人控鱼雷得以冲向美国军舰。可是，强大的美国军舰早已用凶猛的炮火加以阻击。“回天”式人控鱼雷纷纷被击中自爆。经此一役，只有一艘在该地停泊的美军油船被“回天”式人控鱼雷击沉。

在一九四五年二月的硫磺岛战役中，日本海军又派出三艘装载有“回天”式人控鱼雷的潜艇参战。其中两艘潜艇很快被美国军舰击沉，另一艘日本潜艇在美国军舰的猛烈攻击下，不得不狼狈地逃窜而去，结果，“回天”式人控鱼雷一发也没有能发射出去。

同年四月，在冲绳战役中，贼心不死的日本人再一次想要使用“回天”式人控鱼雷。两艘日本潜艇载着“回天”式人控鱼雷再次出击。结果，它们分别被美国的航空母舰“巴坦”号和“安济欧”号上的飞机发现，立刻遭到飞机的狂轰滥炸，结果两艘潜艇连同它们装载的“回天”式人控鱼雷一起葬身海底。

冲绳战役后，美国舰队开始逼近日本的本土。疯狂的日本海军不甘心就此失败，狗急跳墙，决定采用各种“自杀艇”来进行最后的海上特攻战，以达到抗击强大的美国舰队的目的。当时，除了“回天”式人控鱼雷外，还出现了“蛟龙”式特攻艇和一种带翼的袖珍潜艇“海龙”艇。“蛟龙”艇长二十四米，排水量九百吨，航速六节，艇的两舷各载有一枚鱼雷，由两名敢死队员操纵；“海龙”艇长七米，排水量十九吨，艇身两侧各装一枚鱼雷发射管，艇头部装有炸药，当它逼近敌艇时，即发射鱼雷，并撞击敌艇，引爆炸药与敌艇同归于尽。

在此后，日本海军的这三种“自杀艇”加紧准备战斗，不断地进行着特攻战演习。他们叫嚣要让美国人付出一艘换一艘的沉重代价。但是，因为日本法西斯主义的迅速崩溃，日本海军这一罪恶的计划没能够实现。

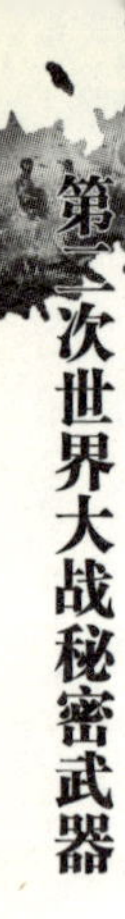

德国人的 UFO

当代社会，很少有人不知道 UFO 究竟是什么。在《中国大百科全书》中，有这样一段关于 UFO 的解释，全文如下：不明飞行物（Unidentified Flying Object）——未经查明来历的空中飞行物。国际上统称 UFO，俗称飞碟。据目击者报告，其外形多呈圆盘状（碟状）、球状和雪茄状，在空中高速或缓慢移动。

在二十世纪以前较完整的目击报告有三百件以上。飞碟热首次出现在一八七八年一月，当时，在美国的得克萨斯州，一位名叫 J·马丁的农民宣称看到空中有一个圆形物体。美国一百五十家报纸登载了这则新闻，把这种物体称作“飞碟”。此后，世上多次掀起飞碟热的狂潮。于是，关于外星人的传闻更是传得神乎其神。如果现在告诉你，飞碟其实是人类制造的飞行器！这种最为平常的解释可能最让人感到诧异。近年来，根据一些解密的数据显示，早在第二次世界大战期间，纳粹德国就已经在秘密研制碟形飞行器，并且已经制作出能够飞行的样机。但随着战争的进程，这种“旷古绝今”的狂想还未来得及公开便因纳粹的覆灭而突然消失，留给后人一团迷雾。

据说，UFO 第一次出现在第二次世界大战战场的时间是在一九四三年九月。当时，美国第八空军集团军集结了七百架重型轰炸机，前去轰炸位于德国史瓦因福特地区的欧洲最大的轴承厂。为轰炸机群护航的是英、美两国的共一千三百架火力强劲的战斗机。

当轰炸机群飞到轴承厂上空的时候，空中突然出现了一些闪闪发光的大型圆盘飞行物。它们以惊人的速度从盟军的飞机面前掠过。这时候，诡异的事情发生了，盟军的飞机引擎突然熄火，无线电也开始失灵，此后，很多飞机失去控制，坠毁落地，伤亡极其惨重。此次战斗中，盟军损失的轰炸机有六十架，战斗机有一百一十一架。在当时分秒必争的生死拼杀中，容不得盟军的飞行员再去判断这些圆盘是什么。他们返回基地做的第一件事，就是马上向指挥部报告了此次神秘事件。指挥部收到报告，立刻下令，要求侦察部门对此做出详细的调查。调查结果不得而知，不过，在英国侦察部门的报告中首次使用了“UFO”一词。

此后，盟军的飞行员多次发现在德军飞机编队一侧远处，有种形状奇特的飞机，那东西呈圆状的碟形，没有机翼，但速度很快，飞行性能优异，能够灵敏地转向和爬升俯冲，部分飞行员甚至还报告说自己清楚地看到不明飞行物上带有铁十字符号——这种符号恰恰是第三帝国的标志。尽管盟军司令部接到不少目击报告，但这些报告中从未有过关于神秘飞行器对盟军发起攻击的报告，它们只是急速地掠过，或静静地悬停。

很大一部分人相信，在第二次世界大战期间，纳粹德国一直在致力于各种武器的绝密研究。对此，盟军早已经有所耳闻。为了了解德国这一方面的情况，盟军曾派出大量的情报人员跟随部队深入敌境，专门负责收集那些关于德军秘密武器的科研情报。结果，情报人员们发现在战争中德国人所表现的创造力实在是让人觉得匪夷所思。在看到情报人员收集来的德国 V-2 火箭、超级战车、远程火炮、喷气式战机的数据后，盟军一位高级将领说道：“经过对纳粹德国科研机构的占领，我们不得不承认这样一个事实，在许多研究领域中，我们已经远远落后于他们……”

在德军遗留的诸多技术资料中，盟军发现了一架形状奇特的飞机照片，不同于德军以往的任何飞机，这是一架机翼呈圆形的螺旋桨飞机。情报人员是在一座废弃的仓库中发现它的，闻讯而来的盟军只找到了它的残骸——它已经被溃败的德军破坏了，这显然是一种用来试验圆形飞行器的操纵性和空气动力学特征的验证机。

为什么会采用圆形呢？科学家们认为，圆形飞行器有很多优势，首先是它的质心规则，特别适用于垂直起降技术；其次在雷达波的照射下，圆形飞行器具有一定的隐身效应。如果解决了动力和操纵方面的难题，那么这种形状的飞行器就会具有十分灵活的机动性。在加装武器后，这将是一种非常可怕的空战利器。

其实，纳粹德国确实很早就展开了对圆形飞行器的研究。当时，狂热的纳粹分子试图找到一种强大的能源，用以制造时间机器，来和远古的神灵进行交流。根据保留下来的零星记载，希特勒本人对古代的文明有着特殊的偏好，他曾命令党卫队总监希姆莱组建探险队到世界各地探索古代文明的秘密。后来，探险队来到了印度。印度是一个充满神秘传说和悠久文明的古国。在印度一座历史久远的古庙里，德国的探险队发现了一些让他们感到不可思议的东西。那就是“雷火战车”的传说。

在古印度的传说中，“雷火战车”是一种威力无比的战争武器。史诗《罗摩衍那》中描述说，这种战车横越天空时，会发出令敌军魂飞魄散的恐怖的呼啸，它的最高时速可以达到五千八百二十公里，它所携带的杀伤性武器能将大地翻个底朝天！

史诗中所说的可能过于夸张，但也有很大一部分来自现实生活，因此值得我们借鉴。在古代印度的历史上，曾经发生过很多次灾变。在印度的上恒河流域下游，考古人员曾经发掘出很多远古时期的人类的遗骸，这些遗骸中，都存在不同程度的放射性，似乎他们都死于核武器。史诗和史书也都曾经记载过发生在远古的战争，从书中关于战争的描述可以看出，这完全是现代武器大比拼。不只是有“雷火战车”，还有大规模的杀伤性武器、航空飞行器和核爆炸……

在远古时期，难道真存在过如此高级的文明么？现代一部分考古学家都持有这样一种观点：自诞生之日起，人类经历过历次的变更。文明发展到鼎盛时期时就会走入一个极端，这就好像一种恶性循环。无论是印度的古代战争，还是发生在二十世纪四十年代的浩劫，都可以窥视到史前文明的蛛丝马迹。所以，我们无法否认，也许史前文明真的存在。

传说德国人的探险队在印度古庙里不但见到了传说中的战车，而且还在庙里保存的古籍中查阅到关于战车的制造方法！我们无法得知德国人是否造出了那样威力巨大的战车，但是，各种数据都显示出，在此后的许多年中，纳粹德国一直都对这种飞行器进行了大量的研究，有的人甚至认为他们已经在飞碟的动力系统研究上取得了突破性进展。

一九五二年，一位名叫斯彻里沃的德国空军上尉、航空专家宣称自己曾在布拉格附近为一个碟形飞行器绘制过蓝图。该蓝图的试验模型完成于一九四四年，并可望于一九四五年试飞。但苏联军队的迅速挺进使这一切都变成了泡影。在第三帝国崩溃前夕，设计蓝图等数据都散失殆尽，于是，这架设计时速二千六百公里的神话般的飞行器也就无从查考了。

斯彻里沃去世后，在他的遗物中，人们发现了关于飞碟的设计草图！这又给这种飞行器蒙上了一层神秘色彩。

关于纳粹飞碟的传说四处流传，有的数据显示纳粹的飞碟似乎胎死腹中，但也有数据表面这种飞碟曾经面世。一九四三年的圆形飞行器的档案至今存在于英、美等国的文件中。此外，还有的人声称曾亲眼目睹了这架奇异飞行器的试飞。据说该机性能奇佳，三分钟内便爬升约九千米，速度达每小时数百公里。这位目击者名叫乔治·克雷恩，他的陈述中有些东西耐人寻味，他说有些研究工作被安排在佩内明德基地，那正是纳粹研究飞弹等绝密武器的顶尖航空科研机构，此外，他还证实透过采用自旋方式，飞碟获得了良好的稳定性。另外，他说飞碟是在哈尔茨山脉地区试飞，而这正是多位飞碟目击者所报告的目击地点！

纳粹飞碟的故事太多，让人无所适从。但是，盟军缴获过一些关于这种神秘飞行器的设计蓝图和草稿。通过这些数据，盟国一直确信早在一九三四年纳粹德国就制造出了第一款碟形飞行器RFC-1。在当年年底，改进了推进系统的RFC-2也已经推出，其能源为空气和水，但具体的技术细节始终无人知晓。

盟军方面认为，在一九三八年，德国党卫军介入了“飞碟”研究，并开始将喷气发动机引入其中。此外，为了检验碟形飞行器的空气动力学特性，德国人还专门制造了螺旋桨动力的圆形飞行器，并从中累积了大量的研究测量资料。还有些秘密记录表明，在一九三九年，纳粹德国就建成直径达近二十米的HANNEBU-1，并于当年九月首次试飞成功。到了一九四〇年底，该机开始用于侦察；此后，盟军方面频频收到目击HANNEBU-1的报告。据目击者说，它的直径有三十六米，机高九至十一米！

从一九四二年起，德国人又开始尝试为这种飞行器加装武器，但是，这项工作阻碍重重——高速自旋的飞行器给飞碟武器系统的控制带来很大的困难。最后，在一九四三年初，HANNE-

BU-3才基本具备了可靠性和战斗力。也许这一点正可以解释为什么许多盟军飞行员看到的飞碟都是空战中彻头彻尾的旁观者。但是，为何飞碟出现的地方，敌人战机会失去控制，却是没人能够回答清楚的问题。

德国的“爆破手研究室”成立于一九四〇年年末，其任务就是专门负责研究、制造秘密飞行器。它的活动代号为“乌兰努斯行动”。后来，经过几年的飞碟研究，在德国军方的协助下，纳粹终于制造出一种非常先进的碟形飞行器——“别隆采圆盘”。

据了解，“别隆采圆盘”采用了奥地利发明家维克托·舒博格研制的“无烟无焰发动机”。这种发动机的工作原理是“爆炸”，在运转的时候，只需要水和空气。在飞行器的周围，共装置了十二台这种发动机。它喷出的气流不仅给飞行器提供了巨大的反作用力，而且还可以用来冷却发动机。由于发动机不断大量地吸入空气，因此在飞行器上空造成了真空区，因而为飞行器提供了巨大的升力。“别隆采圆盘”不愧是纳粹飞碟研究的重要成果，在短短的三分钟之内，它就可以上升到一万五千米的高空，平飞速度高达二千二百公里/小时。同时，它还可以悬停在空中。无须转弯就可以任意向前或向后飞行……盟军甚至从占领的德国仓库中发现了从未见过的制服徽章，有人怀疑这可能就是为即将建立的飞碟部队所准备的！

尽管德国人在飞碟方面的研究已经卓有成效，但是，战后人们得到的这方面的数据并不多。人们分析说，纳粹在灭亡以前，曾将部分绝密的研究设备和资料转移了出去——例如部分未提炼的铀燃料就曾经被秘密运往日本，以帮助日本尽快完成原子弹的研制。但是，运送铀燃料的潜艇却被美军俘获。那么，关于碟形飞行器的技术数据很有可能也被转移了。

在一九四五年，德国战败，德国海军投降的时候，盟军发现有三十艘潜艇既未投降，也未战沉，却莫名其妙地失踪了。一直到几个月后，它们才出现在波罗的海沿岸。经过检查，大家发现，这些潜艇都被加装了特殊的通气管装置，能够让潜艇在不浮出水面的情况下，保证发动机的正常工作，这样，潜艇的水下航行时间就可以延长到数星期之久。这些潜艇是否在秘密运送某些绝密的研究成果，如果是，它们又去了哪里？这些让美国人大伤脑筋。

除了这种设想，有些大胆的猜测者还认为纳粹在北极建立起了秘密的飞碟研究基地，这种想法并非是空穴来风。因为早在一九三八年，纳粹就组织过北极考察队，他们还宣称北极是第三帝国的领土。在考察中，纳粹德国详尽地记录了北极大陆的地理和水文等数据，谁也不能保证纳粹此举没有什么不可告人的军事目的。

一九四七年，美军曾经调动了一支强大的军队，在北极地区展开了一次名为“跳高行动”的军事“演习”，这次行动规模很大。在一艘战列舰和数艘驱逐舰、补给舰的伴随下，一艘航空母舰载运着四千名陆战队员在北极地区登陆，后来，终于因为北极地区恶劣气候的干扰，本次军事行动只能草草收场。但是，这次演习的真正目的是什么？美国人是不是在寻找北极的纳粹基地？美国人一直对此讳莫如深。

不仅如此，纳粹留下关于碟形飞行器的零散资料为美国提供了不少借鉴，在第二次世界大战结束以后，美国人陆续制造出多种碟形飞行器，比较著名的有 V-173 螺旋桨动力飞行器，其外形简直和传说中纳粹德国的那架飞碟如出一辙；另外，还有采用涡轮发动机作为动力的 AVROCAR，据说这架飞行器中有纳粹德国的某些专家参与设计，但样机试飞表明其只能低空飞行，速度不高且稳定性差，军方对此种飞行器的热情随之骤减。

美国人做过多次尝试之后，仍然无法造出那种传说中的神奇飞行器。这种奇异的“飞碟”究竟到哪儿去了？这一切仅是纳粹的构想？是人们的幻觉还是确实发生过的事实呢？没有人能够说出确切的答案！

电子武器显神威

随着电子技术的迅猛发展及其在军事领域的广泛应用，电子战已经演变为现代战争的一种重要作战样式。打赢电子战成为掌握信息控制权、战场主动权和战争制胜权的前提。

其实，早在二十世纪初，电子技术已经被应用在了战争中。二十世纪初，日、俄战争爆发。在一九〇五年的五月，日本的联合舰队与沙皇俄国的第二太平洋舰队就进行了一场大规模的海上作战。

在这次战争中，为了掌握俄军的军事动向，日军首次使用了电子侦察技术。日本军方不但监听俄军舰队的无线电通信，而且还大量使用民用船对俄军进行全方位的侦察，以详细掌握俄国第二太平洋舰队的具体航行路线。收集到这些重要信息以后，日本人就将自己的联合舰队的主力配置在既定海域。结果，不出所料，在没有防备并完全处于劣势的情况下，俄军钻进了日军舰队设置的天罗地网之中。俄国一艘主力舰被击沉，旗舰苏沃洛夫号也受到重创。紧接着，日本海军又利用电子干扰来

破坏俄军的无线电通信，使得俄军舰队陷入群龙无首、四散溃逃的混乱之中。

通过电子干扰，日军尝到了甜头。此后，他们又成功地监听了俄军溃散军舰的无线电通信联络信号，并再次设下了埋伏。当俄军把残存的军舰集结起来，准备驶往军港的时候，早已准备好的日军舰队群起围攻，于是，俄军被打了个措手不及。在这次海战中，有十九艘俄国战舰被击沉，七艘被俘，一万一千余名官兵或死或伤；而日军方面，仅损失了三艘小型舰艇，伤亡七百余人。

日、俄海战是世界上第一次运用现代电子通信技术进行电子对抗的战争。这次战争后，电子通信技术在侦听、组织协同、作战指挥等领域发挥出来的重大作用，标志着人类战争已经进入了一个新的时代。不过，这一时期的电子战最多只能称为电子通信战，包括此后著名的俄、德坦南堡战役，和英、德日德兰大海战中的电子战。因为，在战争中，他们所使用的电子设备仅仅局限于电话、电报等。

第二次世界大战爆发以后，电子战得到了进一步的发展。到了第二次世界大战的中后期，雷达、导航和兵器控制系统等相继问世，电子战由单一的通信对抗发展成为导弹对抗、雷达对抗等各种类型的对抗，电子战的范围也开始应用于空军，并研制出了侦察飞机、电子干扰飞机以及金属箔条干扰投放设备等专用电子战武器。在第二次世界大战中，很多国家还组建了电子战专业部队，电子战的地位和作用都有了明显的提升。尤其是在不列颠空战前后，电子战几乎成了战场制胜的关键。

一九四〇年七月十日，为了实现入侵英国的“海狮计划”，希特勒下令德国空军出动大批轰炸机，对英国本土进行大规模空袭，企图借此一举消灭英国空军，以夺取大不列颠上空的制空权。

在空战初期，英国的通信侦察部门利用己方的超级解码机破译了德军的电报，因而掌握了德国空军的不少作战计划，这其中包括德国人试图引诱英国战机大部升空后，再将其速歼的计划。得知这一消息后，英军指挥官发出命令，只让少数战机前去迎击，保留了一支精锐预备队，德军的企图彻底破产。

一计不成，德军又生一计。这一次，他们打算再施鹰击计划。但是，在德国军方的命令下达还不到一小时的时候，这个命令就被破译并送到了英国首相丘吉尔的手中。结果，这次德军大规模的空袭损失更为惨重，鹰击计划不得不停止。

到了不列颠空战的中期，损失巨大的德军决定以夜间空袭为主。这时候，为了提高夜间行动的轰炸精度，德军研制出了一系列先进的导航系统，而英军则竭力以无线电假信号干扰来破坏德军的导航系统。如此一来，在英、德两国之间，以导航与反导航为主的波束战愈演愈烈。

首先，在比较简单的洛兰兹导航系统的基础上，德国人研制出一种性能更好的曲腿导航系统。于是，英国本土遭受了巨大的损失。英国人甚至把它称为头疼系统。紧接着，不甘落后的英军也研制出一种专治头疼系统的欺骗性干扰系统——阿司匹林系统，它让德军此后的空袭计划几乎失去了任何意义。紧接着，不甘心就此失手的德国又相继研制出 X 导航仪、Y 导航仪、广播导航系统等先进导航设备，但是，这些设备并没有威风多久，就依次成了英军密康电子干扰系统、多诺米综合性对抗系统和溴化物对抗系统的手下败将。

德军在不列颠上空电子战方面的失利，直接导致了德国在欧

洲的制空权和战场主动权的丧失。英军借助电子战所创造出来的有利契机，完成了由被动到主动、由防守到进攻的战场态势的转变，在兵力、装备、数量上均处于绝对劣势的情况下，他们得以挫败德军，取得了不列颠空战的胜利，不仅挽救了英国，也对第二次世界大战的进程产生了积极的影响。可以说，电子设备成为英国人获胜的大功臣！

到了一九四三年十一月，第二次世界大战的战争形势发生重大变化。当时，苏、美、英三国首脑经过商议，决定在法国海岸，由英、美联军进行登陆作战，开辟对德作战的第二战场，代号为霸王行动。

为了隐蔽盟军的真实作战意图，把德军的主要注意力和优势兵力都吸引到假的登陆地域上去，盟军经过周密的计划，精心组织了一场大规模的欺骗行动，代号为保镖。在保镖行动中，欺骗术众多，不过，电子设备仍然在里面充当了主要的角色。在霸王行动展开之前，盟军专门派出一个通信营，进驻苏格兰。通信营利用频繁的假通信，瞒住了狡猾的德国人，让他们以为此处拥有三十八万之众的第四集团军，并成功地牵制住驻扎在挪威的德军。同一时间，盟军还在多佛地区设立了以巴顿为司令的第一集团军的假司令部。尽管巴顿并没有当好这个对外号称拥有五十个师，一百多万人，实际却无一兵一卒的军队的光棍司令，但是，仅仅依靠这位铁血将军的名声，就足以使德国人相信盟军将在加来地区登陆。不仅如此，为了彻底地欺骗敌人，盟军司令部的无线电通信内容都会通过有线传到多佛的假司令部，此后再拍发出去。与此同时，盟军还有意向德军无线电侦收部队发去假情报。为了防止敌人的电子干扰，在登陆前一周，盟军又派出两千架轰炸机，炸毁了德军百分之八十以上的雷达站、干扰站和通信枢纽。

于是，在一九四四年六月五日的晚上，成千上万的盟军同时行动，从空中和海上直奔诺曼底，所有登陆部队保持着严格的无线电静默和雷达静默。

到了六日凌晨，盟军准备好的载有反射气球和回答式干扰机的小船，在投放箔条的轰炸机的掩护下，迅速驶向加来地区，模拟出大批军舰进攻加来的假象。凌晨二时整，盟军派出的二十架干扰飞机和为登陆护航的两百多艘舰船上的干扰机，对诺曼底登陆正面的德军残存雷达发出了强烈的干扰，使它们根本无法发现铺天盖地而来的盟军登陆部队。

习惯于深夜工作白天睡觉的希特勒和往常一样，在六日下午三时从梦中醒来。这时候，盟国已经成功地在诺曼底占领了滩头阵地。然而，直到这时，希特勒还被蒙在鼓里，还在担心英、美联军会对加来地区实施更大规模的登陆作战。

其实，在这些行动中，得胜的一方之所以能够在电子战中取得胜利，乃是因为他们开发出来的众多强大的电子武器。科技是第一生产力，科技也决定着战争的成败！

“利”式探照灯

第二次世界大战时期，早期英国的战斗机使用的 ASVMk. Ⅱ型雷达有一个缺陷，那就是它的最小作用距离太大。为了实施有效的攻击，飞行员必须能够目视到潜艇。虽然说在夜间，这一点可以释放信号弹达到目的，但是这样做的同时也为德国潜艇提供了敌人来袭的警告。

一九四〇年九月，在英国岸防航空兵司令的支持下，一位空军中校提出了反潜搜索装置的设计方案。设计这个装置的目的是为了协助飞机对已被 ASV 雷达发现的处于水面航行状态下的德国潜艇实施夜间攻击。这位中校的设计构思是使用一部二十四英寸十点五千瓦的海军探照灯，其作用距离为五千码。这种探照灯将被装在“惠灵顿”式轰炸机机腹下的一个可伸缩的装置中，这一装置在水平和垂直平面上将转动二十度，用液压装置进行升降，用火炮上的控制装置进行控制，并由副驾驶员在飞机头部的倾斜位置上操纵。

这个设计方案很快得到了军方的支持，遂迅速投入研究。在一九四一年三月，在“惠灵顿”式轰炸机上，“利”式探照灯（它的设计者乃是一位叫做“利”的空军中校）进行了首次试验。一九四一年五月四日凌晨，空军中校利亲自登机试验了他的探照灯。试验效果令人感到非常满意，当时，“利”式探照灯成功地发现了处于水面航行状态下的英国皇家海军 H-31 号潜艇。

尽管试验很成功，但是，一直到一九四二年夏天，英国皇家空军才装备了这种探照灯。原来，当时空军部对另外一种用来协助截击轰炸机的探照灯更感兴趣。万幸的是，最后“利”式探照灯还是得到了大量应用，而且派生出很多改良型。后来，人们又研制出一种吊舱型的“利”式探照灯，供“解放者”式和“卡塔林纳”式轰炸机使用，后来海军航空兵的一些“剑鱼”式飞机也使用了这种探照灯。

一九四二年六月，英国皇家空军开始装备 ASV 雷达，同时携带“利”式探照灯在比斯开湾上空执行巡逻任务，驻德文郡奇弗诺的第一七二中队的“惠灵顿”式轰炸机也开始使用“利”式探照灯。六月四日，一架“惠灵顿”轰炸机上的雷达员通过ASVⅡ型雷达在约六英里的距离上，发现了敌人的潜艇。于是，飞机下降到了二百五十米，在一英里的距离上，“利”式探照灯被打开。但是，此次没能照到目标，飞机立刻转向进行，进行第二次袭击。此时，潜艇仍然停留在水面上。在四分之三英里距离上，飞机发现了这艘意大利潜艇——“卢吉托腊利”号（这是波尔多基地属邓尼茨指挥的意大利潜艇中的一艘）。飞机遂下降至五十米高度并交叉投用了四个两百五十磅的新式深水炸弹。

此后，在六七月份之间，第一七二中队的飞机曾十次发现了潜艇，六次进行了攻击。而在这一年的最初几个月里，英国飞行员在比斯开湾上空的巡逻完全是徒劳无功的。他们在这一海域不仅没有击沉任何一艘德国潜艇，反而还损失了六架飞机。

七月五日，一名在英国空军服役的美国飞行员击沉了德国海军U-502号潜艇，获得了第一次用“利”式探照灯击沉潜艇的荣誉。九月，第一七九中队的“惠灵顿”式轰炸机也开始装备了“利”式探照灯。

一九四二年十二月，“利”式探照灯和吊舱装置的详细数据移交给了美国。进行多次试验后，美国海军研制出了美国型号的“利”式探照灯，即L-7。以后L-7又被采用较小的十八英寸光源的L-18代替。

自从大量使用“利”式探照灯之后，盟国岸防航空兵便能对水面的潜艇实施夜间攻击。当雷达获得接触信号后，机组人员进入战位，飞机同时转向对准目标。飞机接近目标时，其高度要从一千英尺逐渐下降，下降过程中还要不断调整航向，以适应潜艇的航向、航速及飞机本身的偏航。当飞机高度达到二百五十英尺，距离在三、四至一海里之间时，就可以打开“利”式探照

灯。一旦照射到目标，飞机就能进行目视攻击。

此后，由于潜艇的损失开始加大，德国元帅邓尼茨命令：从七月十六日起，所有的德国潜艇都要在夜间航行，通过比斯开湾。换句话说，德国潜艇要在白天上浮充电，结果，这直接导致盟军发现潜艇的次数大为增加。由于新的十厘米波长雷达与“利”式探照灯的密切配合，盟军终于夺得在夜间和低能见度下的战场主动权，并组成了一支能真正有效地限制德国潜艇行动的反潜部队。

第六章 核武器的背后

众所周知，人类历史上真正将核武器用于战争只有一次，那就是第二次世界大战末期美国对日本进行的原子弹轰炸。

一九四五年八月七日早晨，一颗挂在降落伞下的『炸弹』在日本广岛上空爆炸，这座城市顷刻间被夷为平地，死伤三十万六千五百四十五人，三天之后，同样的命运降临长崎，死伤十三万八千九百零五人。造成这场空前浩劫的，是一种叫『原子弹』的新式武器。威力巨大的原子弹加速了日本法西斯的最后灭亡，同时也宣告了人类核时代的到来。

曼哈顿计划

人类进入二十世纪以后，伟大的德国犹太科学家爱因斯坦提出了物质能量公式，公式揭示出人类可以将物质的部分质量直接转换为巨大的，并能被人类直接利用的能量。对于人类社会来说，爱因斯坦的理论具有划时代的意义。

后来，科学家们如丹麦的波尔、意大利的费米和德国的哈恩等人论证出核能可以释放出的惊人力量。通常情况下，一般化学炸药如 TNT 爆炸时释放的能量，来自化合物的分解反应。在这些化学反应里，碳、氢、氧、氮等原子核都没有变化，只是各个原子之间的组合状态有了变化。核反应与化学反应则不一样。在核裂变或核聚变反应里，参与反应的原子核都转变成其他原子核，原子也发生了变化。不过，直至二十世纪三十年代末，核科学研究仍只限于极少数科学家在实验室里的工作，外界并不大关注。

科学家们发现，核武器爆炸时释放的能量比只装化学炸药的常规武器要大得多。例如说一千公克铀全部发生裂变，发生的质量亏损还不到一克，它们释放的能量相当于两万吨 TNT 炸药释放出的能量。所以，核能若应用于武器，产生爆炸的话，不仅释放的能量巨大，而且核反应过程非常迅速，仅在微秒级的时间内即可完成。因此，在核武器爆炸周围不大的范围内能够形成极高的温度，加热并压缩周围空气使之急速膨胀，产生高压冲击波。地面和空中核爆炸，还会在周围空气中形成火球，发出很强的光辐射。核反应还产生各种射线和放射性物质碎片；向外辐射的强脉冲射线与周围物质相互作用，造成电流的增长和消失过程，其结果又产生电磁脉冲。这些不同于化学炸药爆炸的特征，使核武器具备特有的强冲击波、光辐射、早期核辐射、放射性沾染和核电磁脉冲等杀伤破坏作用。

最早注意到核裂变的巨大军事价值的是德国科学家，一直以来，他们在核裂变研究中也处于世界领先地位。一九三九年初，德国化学家O·哈恩和物理化学家F·斯特拉斯曼发表了铀原子核裂变现象的论文。几个星期内，许多国家的科学家都验证了这一发现，并进一步提出有可能创造这种裂变反应的条件，因而开辟了利用这一新能源为人类创造财富的广阔前景。但是，与历史上许多科学技术新发现一样，核能的开发也被首先用于军事目的，即制造威力巨大的原子弹，其进程受到当时社会与政治条件的影响和制约。

一九三三年希特勒上台后，更是大肆疯狂地迫害犹太人。当时，爱因斯坦正在国外访问，逃过希特勒的迫害，他的书也被称为“犹太人邪说”而遭禁。随后，爱因斯坦定居到美国。不久，费米、波尔、格拉德等科学家也纷纷逃出纳粹魔爪，到达了大西洋彼岸。从一九二九年起，由于法西斯德国扩大侵略战争，欧洲许多国家开展科研工作日益变得困难起来。同年九月初，丹麦物理学家N·H·D·玻尔和他的合作者J·A·惠勒从理论上阐述了核裂变反应过程，并指出能引起这一反应的最好元素是同位素

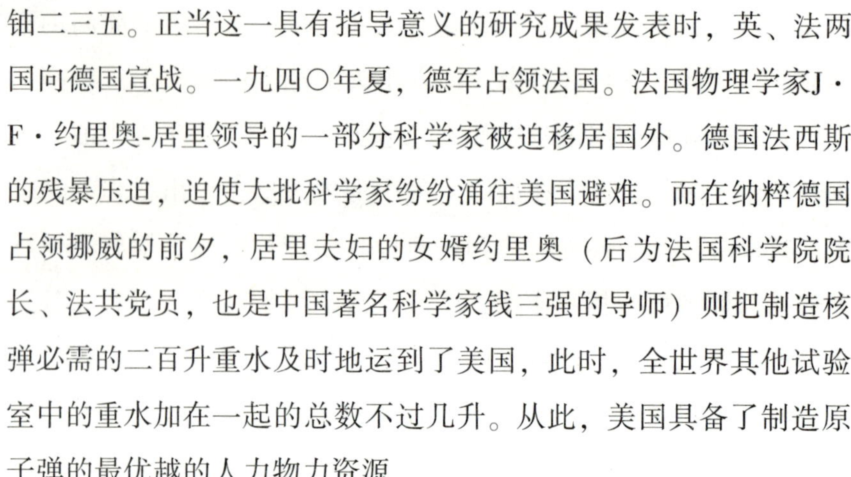

铀二三五。正当这一具有指导意义的研究成果发表时，英、法两国向德国宣战。一九四〇年夏，德军占领法国。法国物理学家J·F·约里奥-居里领导的一部分科学家被迫移居国外。德国法西斯的残暴压迫，迫使大批科学家纷纷涌往美国避难。而在纳粹德国占领挪威的前夕，居里夫妇的女婿约里奥（后为法国科学院院长、法共党员，也是中国著名科学家钱三强的导师）则把制造核弹必需的二百升重水及时地运到了美国，此时，全世界其他试验室中的重水加在一起的总数不过几升。从此，美国具备了制造原子弹的最优越的人力物力资源。

其实，早在一九三九年的夏天，欧洲战争即将爆发，匈牙利科学家格拉德担心德国会造出核武器，若是如此，后果不堪设想。于是，格拉德向美国政府提出应抢先研制核武器。然而，几乎没有这类知识的美国官员却将格拉德的建议视为天方夜谭。格拉德得不到美国政府的支持，感到非常沮丧。但是，格拉德很清楚地知道，如果德国抢先制造出核武器，世界将永无宁日。于是，格拉德找到爱因斯坦，说服爱因斯坦，请他直接致信美国总统罗斯福，说明核裂变可制造出威力巨大的新型炸弹。

爱因斯坦毫不犹豫地答应了格拉德的请求，并很快写信给罗斯福。罗斯福一向敬重爱因斯坦，在收到爱因斯坦的信后，马上安排出时间，亲自接见了这位伟大的科学家。爱因斯坦耐心细致地为罗斯福讲解了核裂变原理，使对此曾经一窍不通的总统迅速了解到制造原子弹的可行性。经过这次有历史意义的交谈，罗斯福做出了一个重大的决策：要赶在德国人之前造出原子弹。

尽管罗斯福听从爱因斯坦的建议，决定赶在德国人之前造出原子弹，但是，最初，美国政府并没怎么关注核武器的研究，他们只拨给科学家们研究经费六千美元。一直到了一九四一年十二月日本袭击珍珠港后，美国人才决定扩大核武器的研究规模。

一九四二年六月，负责研发核武器的美国陆军部开始实施利用核裂变反应来研制原子弹的计划，这就是著名的“曼哈顿计划”。当时，这一工程集中了西方国家（除纳粹德国外）最优秀的核科学家，动员了十万多人参加研究。

不过，虽然美国科学家们对原子弹的机制、应该努力的方向，甚至费用和时间都有了大致的构想，但是，核研究的庞大工程已经超过了科学研究机构的能力。而一九四二年的美国已经转向全面战争，没有一家工业公司能够在短时间以内完成有关生产设施的建设。美国核研究的负责人之一布什认为，只有动用军队，行使最高优先权，美国才能在战争结束前生产出核原料来。于是，在给罗斯福总统的报告中，布什强调了原子弹的光明前景，并提出把原子弹全部的研制和生产管理移交给军队。六月十七日，布什又为罗斯福准备了一份将核计划全部交给军队领导执行的详细报告。罗斯福立即批复了布什的报告。

一九四一年十二月六日，美国政府正式制定出代号为“曼哈顿”的绝密计划。“曼哈顿”计划的规模相当惊人。当时，人们还不知道分裂铀二三五的三种方法中，究竟哪一种最好，只得同时使用三种方法，进行裂变工作。于是，在“曼哈顿”工程管理区内，汇集了以奥本海默为首的一大批人才。在“曼哈顿”工程的顶峰时期，曾经起用了五十三点九万人，总耗资高达二十五亿美元。这是在此之前任何一次武器实验都无法比拟的。

实验进行当中，在参谋长联席会议主席马歇尔的支持下，军方同意负责铀研究的一个机构的建议，开始建设四种工厂，这些工厂乃是分别采用不同方法的铀同位素分离工厂和其他的研制、生产基地。为此，军队还把整个计划取名为“代用材料发展实验

室”，指派美国军事工程部的马歇尔上校负责全部行动。

马歇尔上校做事循规蹈矩，与科学顾问们又合不来，这使得研究计划优先权的升级和气体分离工厂地址的选择被整整拖延了两个月。九月，政府战时办公室和军队高层领导决定让领导修建美国国防部大楼五角大厦的格罗夫斯上校接替马歇尔上校的工作。在赴任之前，格罗夫斯又被提升为准将。

在上任后不到四十八小时的时间里，格罗夫斯就成功地把计划的优先权升为最高级，同时还选定田纳西州的橡树岭作为铀同位素分离工厂基地。因为马歇尔上校的总办公室最初设在纽约城，他们决定把新的管区的名称命名为“曼哈顿”。于是，曼哈顿工程区（或简称为曼工区）就这样诞生了。这就是整个核研究计划取名为“曼哈顿计划”的由来。

曼哈顿计划的最终目标就是赶在德国之前造出原子弹。但要实现这一目标，有大量的理论和工程技术问题需要解决。后来，在劳伦斯、康普顿等人的推荐下，格罗夫斯请著名科学家奥本海默负责这一工作。奥本海默对于原子弹有着深刻的洞察力。为了使原子弹研究计划能够尽快顺利地完成，根据奥本海默的建议，美国军方决定建立一个新的快中子反应和原子弹结构研究基地，这就是后来举世闻名的洛斯阿拉莫斯实验室。奥本海默被任命为洛斯阿拉莫斯实验室主任。正是由于这样一个至关重要的任命，才使他在日后赢得了美国“原子弹之父”的称号。

最开始，奥本海默对于制造核武器的困难估计不足，他认为只要动用六名物理学家和一百多名工程技术人员就足够了。但是到一九四五年时，实验室发展到拥有两千多名文职研究人员和三千多名军事人员，其中包括一千多名科学家。

在此期间，由于大多数科学家都反对实验室的军事化，格罗夫斯同意加州大学成为洛斯阿拉莫斯名义上的管理单位和合约保证单位，而基地的军队则负责实验室建设、后勤供应和安全保障。这一决定保证了实验室内部的自由学术讨论。在实验室中，奥本海默鼓励科学家们大胆地讨论有关原子弹的科学问题。在奥本海默看来，即使是看门人的意见，也会对原子弹的成功有一定的帮助。他非常注意倾听每个人的意见，掌握着整个实验进程。后来，有些参与核研究的物理学家回忆说，在实验室中，他们自己甚至还不如奥本海默清楚自己工作的细节和进展。在很多问题上，也是由于奥本海默的决断才取得重大的突破，并保证了原子弹研制时间表的顺利执行。因此，随着试验的进行，奥本海默在科学家、普通职工和政府官员中的威望越来越高。本来，洛斯阿拉莫斯一向有着“诺贝尔奖得主集中营”的美誉，而奥本海默在后来则被人们称为这个集中营的“营长”。奥本海默没有得过诺贝尔奖，却拥有如此高的个人威望，其组织才能与人格魅力由此可见，他在核试验中所做出的贡献也可以想象。

实际上，在“曼哈顿工程区”工作的十五万人当中，很少有人知道他们是在从事制造原子弹的工作，据说他们当中只有十二个人才知道全盘的计划。洛斯阿拉莫斯计算中心长时期内进行着各种各样复杂的计算，但是，大部分工作人员并不了解他们做这些繁重而枯燥的工作的实际意义。由于他们不知道工作目的，所以大家无法对工作发生真正的兴趣，工作积极性也无法提升。后来，一个知道原子弹计划的人为他们说明了他们是在做什么样的工作。此后，这里的工作达到了高潮，有许多工作人员自愿留下来加班。经过全体人员的艰苦努力，原子弹的许多技术与工程问题得到解决。

一九四五年七月中旬，经过五年多紧张而努力的工作，美国人的研究取得了重大成功，他们很快就要进行世界上第一颗原子弹的试验了。在过去漫长的准备阶段，曼哈顿工程区是在极为严格的保密控制下进行工作的。但是，在新墨西哥州沙漠上阿拉默果尔多第一次核试验的前几天，对于洛斯阿拉莫斯研究机构科学家的家人们来说，这个即将发生的事件已经不是什么秘密了。这时候，谁都知道，科学家们正在准备做一件极重要的事情。这件事情将对世界产生莫大的影响，有的人甚至把他们工作的目标称为凶神。

一九四五年七月十二日到十三日，经由洛斯阿拉莫斯在战时建成的秘密道路，实验性原子弹的内部爆炸机械的各个组成零件被运了出来，零件由装置地段运往试验地区。这个后来闻名于世的地区被叫作“死亡地带”。科学家们在这儿的沙漠中心已经立起了一座高大的钢架，原子弹就将会装在这上面。

在核试验最后的几个星期中，因为需要进行最后阶段的工作，一直没有从洛斯阿拉莫斯离开的科学家们，备足了食物，并且按照上级的特殊指令穿上了特别服装，整装出发，分乘几辆伪装的各种颜色的小轿车，经过四小时的路程，到达了试验场。

与气象学家进行过多番商讨以后，人们决定在七月十六日五点三十分起爆原子弹。当天晚上两点钟，大家集合在距离那高大钢架十六公里开外的宿营地，这个钢架上正放着一颗尚未试验过的原子弹，那是他们辛苦多年的工作成果。这时候，每个人都戴上了事先准备好的黑色保护镜，以预防辐射的灼伤。为了避免炽烈的光线伤害皮肤，他们的脸上也涂了油膏。而在距离装有炸弹的钢架大约十公里的一个观测站上，洛斯阿拉莫斯的领导人正在指挥着这一历史性的爆炸。

其实，在按动电钮，准确起爆之前，现场的每个人都无一例外地戴上防护眼镜，伏卧在地面上。因为，如果有谁想用肉眼直接观看爆炸所引起的火焰，就很可能被爆炸引起的强光伤害眼睛，丧失视力。因此，根本没有一个人敢去看原子弹爆炸火焰产生的第一道闪光，他们所能看到的仅仅是从天空和小丘反射出来的耀眼的白色光亮。但是，还是有不幸的事情发生。因为能够见证人类历史上最伟大的试验，有人激动得甚至忘了戴上面罩就直接下了汽车。结果只有两三秒钟的时间，他们就都丧失了视力。

一九四五年七月十八日，格罗夫斯写给陆军部长一份关于这次核试验的备忘录，摘要如下：

“我估计所放出的能量超过一点五到二万吨TNT当量，而这还是保守的估计。

在一个短暂的时间内，曾出现强烈的闪光，在半径二十英里的地区内，它相当于几个正午的太阳，随后形成一个巨大的火球，历时几秒钟。接着，这火球变成蘑菇形，并上升至一万英尺以上的高度才熄灭。爆炸发出的闪光在大约相距一百八十英里的地方均能清楚地看见。爆炸声在同样距离的几个地方，但一般大约在距离一百英里的地方，均可听见……一个巨大的云团形成了，它以可怕的力量汹涌澎湃地上升，达到高出地面三万六千英尺、海拔为四万一千英尺的同温层，约在五分钟内不停顿地冲过了一个一万七千英尺高的逆流层，很多科学家曾认为它将会阻止云团的上升。在主要爆炸后不久，云团里发生了两次附加爆炸。云团内含有由地面扬起的几千吨尘埃和大量气化了的铁。

我们现在认为是这些铁和空气的氧混合燃烧而造成了这些附加的爆炸。在这云团内，包含着由裂变产生的高浓度的强放射性物质。地面形成了一个直径为一千二百英尺的巨坑，其中的植物全部被消灭……坑内的物质是极细的粉状灰尘……塔的钢材完全被气化掉了。距离一千五百英尺远的地方，原有一根直径四英寸、高十六英尺的铁管埋在混凝土内，并坚固地用支索支撑住，但是它失踪了。

离爆炸地点半英里处有一个重二百二十吨的巨大钢质试验筒。筒底坚实地围筑了混凝土。环绕钢筒的有坚固钢塔，钢塔坚实地固定在混凝土基础上。此塔可被比作为典型的十五或二十层的摩天楼或货栈的结构中的钢架房屋。此塔的结构用了四十吨钢材，塔高七十英尺，像六层楼房一样高……这次爆炸的冲击波使钢塔从它的地基中拉开，把它扭歪、撕裂，并推倒在地。对此塔的作用表明，处在那样的距离，没有屏障的钢和石造的永久性建筑物将会被毁灭。它是一种善的力量，也是一种恶的力量。”

原子弹起爆后，观测站附近的广大地区都被极其刺目的闪光照亮，爆炸过后三秒钟，暴风大作，开始向人们和物体冲击，随之而来的是强烈的、持续的怒吼，大地在人类发明的新式武器面前，强烈颤抖。

早上五点三十分左右，住在离试验区两百公里左右的居民们也看到了空中的这道强烈的闪光。于是，美国军方原本为了保住全部机密而进行的多方努力没有奏效。试验过后没有几天，关于原子弹试验成功的消息就传到了曼哈顿工程区的所有实验室。其实，一直到试爆以前，没有一个人知道爆炸的效果究竟会是怎样，但是，爆炸以后，科学家们算出来的大致效果比原来他们所估计的还要大上十倍乃至二十倍。曼哈顿计划不仅造出了原子弹，也给美国科学界留下了十四亿美元的财产，其中包括一个具有九千人规模的洛斯阿拉莫斯核武器实验室；一个具有三万六千人规模、价值九亿美元的橡树岭铀材料生产工厂和附带的一个实验室；一个具有一万七千人规模、价值三亿多美元的汉福特钚材料生产工厂，以及分布在柏克莱和芝加哥等地的实验室。

此后，在一九四五年的八月六日和九日，美国分别在日本的广岛和长崎投下了原子弹。随后苏联军队出兵中国东北，日本无路可退。八月十五日，日本天皇宣布无条件投降，第二次世界大战结束。

曼哈顿计划所造出的原子弹，使战争提前结束，避免了同盟国付出更大的伤亡。可是，在日本投下的两颗原子弹，却夺去了日本无数无辜平民的生命。至今，核爆炸产生和引发的恶果还遗留在当地。

诚如格罗夫斯所说，原子弹是善的力量，但它同时也是恶的力量。

曼哈顿计划中的“东方居里夫人”

第二次世界大战与冷战的结束，核武器已经不是什么惊天大秘密。现在，大家都很清楚地知道，原子弹的制造，是出自一个叫做“曼哈顿”的科学计划。这个改变人类历史的科学计划集合了当时同盟国众多的世界一流的科学家。然而，鲜为人知的是，在这些投身计划的科学精英当中，还有一位中国物理学家，那就是后来被人们称为“东方居里夫人”的吴健雄。

一九三六年，吴健雄由中国乘船越洋，到了美国，进入加州大学柏克莱分校念书。吴健雄来到柏克莱的时候，正是物理科学在原子核研究方面大放异彩的时代。过去几年的多项科学大发展，使得原子核物理成为当时科学界最具挑战性的前沿科学。

一九三九年一月十六日，麦特勒和费许讨论原子核分裂的文章，正式发表在英国的《自然》杂志上。于是，原子核分裂成了震惊世界的公开秘密。原子核分裂一经发现，世界上众多一流的科学家纷纷投身其中，进行这项研究，而吴健雄和塞格瑞也是在这个时候，开始利用柏克莱的回旋加速器，进行中子撞击铀原子核，并分析其产出物的实验。

吴健雄和塞格瑞的实验开始于一九三九年，一直到一九四一年才结束，得出许多重要的结果。虽然实验起初多是塞格瑞的想法，但是，后来的许多工作都是吴健雄一个人独立完成。在那段时间中，吴健雄自己独立地在铀原子核分裂产物碘中，观察并且确定出两种放射性惰性气体的半衰期、放射数量和同位素数量。塞格瑞对吴健雄的工作大为激赏，认为她虽然年纪轻轻，却已经是一位可以独立做出一流工作的杰出实验物理学家。

在实验得到结果后，吴健雄立即写了一篇报告，列上塞格瑞和她的名字，准备在物理期刊上发表。塞格瑞看了那篇论文以后，删去了自己的名字。后来，这篇文章以吴健雄一个人的名字发表，刊登在美国最有地位的《物理评论》之上。

其实，从一九三九年年初开始，在对于核子分裂的知识应不应该像一般科学知识一样公开地流通交换的问题上，在美国的几位大物理学家就有着不同的意见。匈牙利裔的大科学家齐拉（L. Szilard）坚持主张核子分裂的知识应该保密；而费米由于从计算中认为核子分裂产生足够中子而引发连锁反应几乎是不可能的，因此反对保密。

不过，他们的这些争论，都在当年四月二十二日被统一了。当天，朱立奥和艾琳·居里在刊登在英国《自然》杂志上的一封信中，都证实了每一个核分裂，平均可以产生三个半中子，这也就是说，核分裂的连锁反应是可能的。而当时，由于第二次世界大战的欧陆战局日渐紧张，在战场上占据优势的纳粹德国对于最早在柏林发现的核分裂反应，也表现出不同寻常的兴趣。因此，这个时期中，在美国进行原子核分裂的科学家都达成共识，心照不宣地将一些最敏感的实验结果保密。吴健雄和塞格瑞做出来的关于铀原子核分裂出产物的实验结果，虽然一九四〇年间在两篇论文中发表，但是其中一些有关分裂连锁反应也就是和制造原子弹最密切相关的知识，则是等到一九四五年第二次世界大战结束以后，才在另一篇论文中发表。

那时候，在柏克莱的物理系，理论方面以奥本海默为首，围绕着他聚集了一大批当时最聪明的科学家，这些科学精英不但是后来美国成功制造出原子弹的生力军，也是造就战后美国科学的精英。当时，每个礼拜一晚上，这些科学精英们都会聚在莱孔特馆底层的图书馆，进行一次讨论会；这些讨论会有时是奥本海默在报告他的新理论，有时则由其他一些年轻科学家报告他的实验结果。

有一天，在柏克莱的物理学家想听听原子核分裂方面的新发展，奥本海默知道吴健雄在这方面很有认识，便特意请她来讲。吴健雄先为大家讲了一个小时关于原子核分裂的纯物理理论知识，然后，她提到了连锁反应的可能。此后，她说："现在我必须停下来，我不能再讲了。"这时，在座上听讲的劳伦斯哈哈大笑起来，劳伦斯还回头看看坐在后面的奥本海默，奥本海默也笑

起来，因为，他们知道吴健雄的意思。

虽然吴健雄的演讲没有说出下文，但是她的实验工作却并没有停止。对于刚刚起步的原子核分裂发展，吴健雄不但因为自己做了许多相关研究而有着深刻的认识，她还把当时许多新发展综合整理，因此每次她的演讲都相当深刻精彩。后来，一旦有人要塞格瑞去演讲核分裂时，都会向吴健雄借演讲数据去用。

奥本海默对于吴健雄在核分裂方面的深刻知识也十分清楚。因此，每当开会讨论核分裂及原子弹相关问题的时候，他总是会说："去叫吴小姐来参加，她知道所有关于中子方面的知识。"值得一提的是，后来，吴健雄在"曼哈顿计划"中参与的工作，并非寻常普通，而是相当关键的部分；她之所以能够担起如此重大的责任，一方面是由于她在原子核物理研究上拥有极其重要的成就，另一方面也是由于"曼哈顿计划"的主持人，美国"原子弹之父"——奥本海默对吴健雄这个曾经是他学生的物理新秀特别赏识的缘故，也正是这个缘故，吴健雄才能以一个初到美国不过几年，没有美国国籍的外国人身份，得到特殊的保密许可，参加一个如此机密的美国国防科学计划的核心工作。

由于当时吴健雄在核物理研究的杰出成就，因此她渐渐得到了"东方居里夫人"的称誉。一九四一年四月二十六日，柏克莱大学所在地奥克兰郡的《奥克兰论坛报》刊出这样一篇报道，标题是"娇小中国女生在原子撞击研究上出类拔萃"，标题下刊登了一张相当大的照片。照片中的吴健雄明眸皓齿，聪慧秀丽，眼睛透出自信坚定的神情，相当迷人。这篇发自柏克莱的报道中说：在一个进行原子撞击科学研究的实验室中，一位娇小的中国女孩，和美国一些最高水平的科学家并肩工作。报道说，这位年轻的女性就是新近加入成为加州大学物理研究所成员的吴健雄。

吴健雄从外表看起来，人们会以为她或许是一位女演员，一位艺术家，或是一位追寻西方文化的东方富家女。这位年轻的东方女性在陌生人面前，总是显得害羞而沉默。但是在物理学家和研究生面前，她却是自信而机敏的。文章接着报道说有一天她在一群杰出的物理学家面前，讲述原子核分裂的新近发展；吴健雄在黑板上由后往前倒着写出一个物理公式，令大家印象深刻。

当时，虽然包括吴健雄在内的同盟国的科学家已经在讨论制造原子弹的可能，但是，谁都没有正式开始进行制造的工作。后来，德国开始禁止被他们占领的捷克铀矿区的铀矿出口，这使得同盟国意识到，德国很可能已经在认真地进行制造原子弹的计划。

不久，一位名叫傅吉的德国科学家出人意料地在德文科学期刊上公开发表了一些德国核分裂研究的新近成果。本来，这位科学家是故意突破当时德国尚未完全开始的信息封锁，让同盟国得知德国的研究近况，但是，同盟国科学家在看见他的论文后，反倒认为如果德国能够发布这么多的数据，那么他们真正的发展情况恐怕比公开的论文还要更加先进。此时，同盟国在战事中一再失利，这就更加促使美国制造原子弹计划的酝酿产生。

当时，匈裔科学家齐拉针对上述情况，决定采取一些行动。首先，他认为同盟国应该控制比属刚果的铀矿。于是，他请求和比利时皇家熟识的伟大科学家爱因斯坦的帮忙，爱因斯坦毫不犹豫地同意他的请求。接着，他和银行家沙克斯（A. Sachs）进行多次商讨以后，共同具名拟就一封信，希望敦促罗斯福总统在美国进行原子弹计划。为了增加这封信的分量，他们也要求爱因斯坦共同具名，爱因斯坦同意了。这一封有爱因斯坦共同具名的信函，确实是促成制造原子弹计划的一个关键因素，而见识到原子

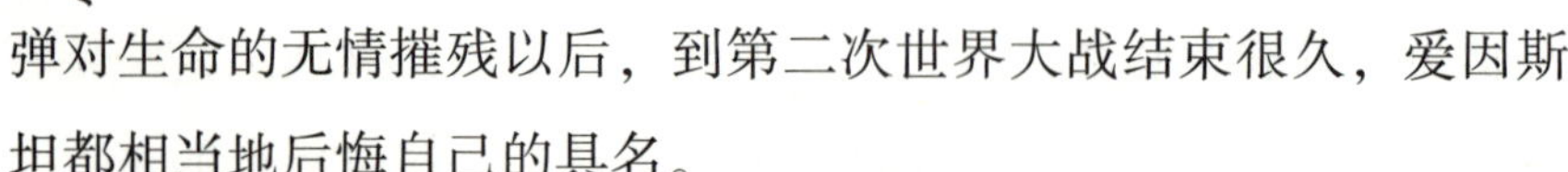

弹对生命的无情摧残以后，到第二次世界大战结束很久，爱因斯坦都相当地后悔自己的具名。

在各方的努力下，一九四二年六月，美国的制造原子弹的计划正式开始。由于计划总部开始设在纽约市曼哈顿区，因此就叫做“曼哈顿计划”。这个计划的科学主持人，便是奥本海默。

一九四二年五月底，吴健雄和袁家骝在洛杉矶帕沙迪纳结婚。在加州度完短暂蜜月后，袁家骝应聘加入 RCA 公司战时的雷达发展工作，吴健雄也随同丈夫一同来到美国东岸，并应聘在波士顿附近相当有名的专收女生的史密斯学院担任助理教授。

一九四三年，吴健雄转到普林斯顿大学担任讲师，给一些参与国防计划的军官讲授物理学。一九四四年三月开始，吴健雄进入哥伦比亚大学，担任资深科学家，并且获得特殊的保密许可，以一个外国人身份，参加当时美国最机密的、制造原子弹的“曼哈顿计划”。

一九四四年的美国制造原子弹的计划已经进入相当成熟的阶段，对于这样一种威力惊人的炸弹，科学家已有了肯定的认识。当时出现了一些关键的问题，一是如何浓缩铀元素，并使其达到临界质量，另外则是有效引爆的技术问题，而吴健雄在哥伦比亚大学参与的工作，就是浓缩铀的制造，不过她的工作主要是研发十分灵敏的 γ 射线探测器。

那时候，“曼哈顿计划”的重心在美国新墨西哥州一个小城圣塔菲外不远的洛斯阿洛摩斯实验室，奥本海默在那里坐镇主持。洛斯阿洛摩斯实验室主要是进行原子弹自身的计算、研究和制造引爆技术的研发。另外，美国还在芝加哥新成立了冶金实验室，由当时已获得诺贝尔奖的费米和匈裔科学家齐拉和威格勒（E. Wi）几位顶尖科学家，领着许多当时出类拔萃的年轻物理学家，建立起一个原子反应堆。反应堆一方面用来实验可以控制的核分裂连锁反应，这是从和平用途方面着眼；另一方面则是生产可用作原子弹原料的一种新的可分裂元素钚（Plutonium）。吴健雄在哥伦比亚大学参与的铀元素气体扩散进程是在离哥大北方十几条街的一三六街、一个向汽车公司租来的房子中进行的。吴健雄为一个以“特殊同盟材料”为代号的计划工作，这个计划的主持人叫邓宁（J·Dunning）。吴健雄在黑汶斯（W·Havens）手下做事，合作的还有多年后获得诺贝尔物理奖的阮瓦特，以及重氢的发现者尤瑞和莫菲（G·M·Murphy）等人。

一九四四年九月二十七日，费米在华盛顿州汉福德建立的反应堆开始如期运作。刚开始的时候，原子核连锁反应进行得很好，但是，几个小时便停止了。不过，这个反应停下来几个小时后，又再开始进行。

由于观察到这种现象是与时间相关的一种变化，主持者费米和挥勒（J·Wheeler）开始怀疑，核反应中的某种产物会吸收大部分中子而造成反应停止。但是，究竟是什么产物呢？人们束手无策。这时候，吴健雄的老师塞格瑞告诉费米和挥勒说：“应该去问吴健雄！”因为塞格瑞知道吴健雄在中子吸收截面方面做过相当深入的研究。

于是，费米和挥勒迅速打了电报到纽约来。接到电报后，哥伦比亚大学方面实验的军方主持人尼柯斯上校立刻赶去找吴健雄，他对吴健雄说：“吴小姐，我接了个电报，费米和塞格瑞希望要你在柏克莱做实验结果的那篇文章，你可不可以给我。”本来，吴健雄和塞格瑞早已商议好，那篇有关实验结果的文章虽然已经在《物理评论》发表，但其中的关键实验结果则要等打完仗才发表。所以她说：“除非费米、塞格瑞亲口告诉我，实验需要

这些数据，否则我不能给你。”

尼柯斯上校没有办法，只好去找哥伦比亚方面实验计划的理论组组长莫菲教授。莫菲还约了和吴健雄熟识的黑汶斯一起去看吴健雄。他对吴健雄说：“吴小姐，你和我很熟。尼柯斯博士对我们很帮忙，现在洛斯阿洛摩斯要这个数据，是不是可以给他们。”

在黑汶斯做出保守秘密的保证之后，吴健雄才同意提供那篇实验结果的数据。吴健雄的这篇关于铀原子核分裂后产生的氙气，对中子吸收横截面的数据，对于“曼哈顿计划”的顺利进展有着相当大的贡献。

此后，“曼哈顿计划”顺利地进行到尾声。一九四五年七月十六日，在新墨西哥州的一个沙漠中，人类第一颗原子弹试爆成功。三周以后，原子弹投放到千里之外的日本本土，促使第二次世界大战尽快地结束了。

原子弹是二十世纪科学家协同努力的产物，它的威力使世人恐惧，许多参与计划的科学家也有着屠杀生灵的愧疚。但是，在美国发展原子弹的同时，德国也在进行着类似计划。如果美国不抢先完成原子弹的制造，而让纳粹德国抢先成功，恐怕是更大的一场浩劫。

有的人以为，由于原子弹投入战场，日本不得不提早投降，这使得中国战场上少牺牲了不计其数的中国人。吴健雄参与“曼哈顿计划”所做出的贡献，对人类有着难以估量的重大贡献。但是，对于有人问起她参与制造原子弹之事，吴健雄心中确实是无比伤痛的。谈起原子弹的摧毁性，她极其痛心。她总是会用近乎恳求的口吻回问：“你认为人类真的会这样愚昧地自我毁灭吗？不，不会的。我对人类有信心。我相信有一天我们都会和平地共处。”

一颗可怕的炸弹

一九四五年八月六日，美国人在日本广岛投下了世界上第一枚军用原子弹。原子弹爆炸的几个小时以后，在日本的东京，还没有一个人清楚地知道在广岛究竟发生了什么事。日本的官方消息还是从中国的一位地方民政官员的电报中得到的。直到八月七日清晨，日本总参谋部正式接到了这样一份情报：“在一刹那间，广岛市被一颗可怕的炸弹全部毁灭了。”

轰炸广岛之后，美国对日本开展了强大的政治宣传攻势。他们散发传单；每隔十五分钟，透过塞班岛短波电台用日语广播；还在塞班岛印制并在日本上空散发日文报纸，上面载有轰炸广岛的新闻照片。美国的宣传计划拟定，在九天内对四十七个有十万以上居民的日本城市投撒一千六百万张传单，散发五十万份载有原子弹轰炸的说明及图片的日文报纸。这项攻势一直继续到日本人投降为止。

在这样的情形下，八月八日，日本著名的核物理学家西名特意从东京飞往广岛。在二十世纪二十年代，西名曾经待在哥本哈根做研究，他在著名物理学家玻尔的指导下工作过。西名回到日本后，建立了一个原子物理研究室。从一九三九年起，西名就认为原子弹这种武器是可以制造的，并可以在战争中使用。西名甚至还对这种武器可能造成的破坏规模做过一些粗略的计算。因此，在爆炸事件发生后，日本当局立即请他和其他一些科学家赶

去广岛，进行检测。

到了广岛，西名看到一座曾经繁荣的城市已经变成了毫无生气的废墟。在距离爆炸地点大约两百米的半径范围内，所有房屋房顶上的瓦都被熔融了零点一毫米，高温及炫目的光线将爆炸地点周围的一切东西烧毁或者使它们褪了颜色。爆炸产生强烈的冲击波，把烧焦的人体和物体全部溅到墙壁上。四个月以后，西名自己也由于爆炸后剩余放射性元素的作用，浑身起了脓疱。

八月九日，美国人在日本的长崎又投下了另外一颗原子弹。轰炸长崎的原子弹比轰炸广岛的原子弹威力要大得多，但是，由于两个城市的地形、设施的布局和人口集中的程度不同，广岛的损失及伤亡人数反而比长崎多。广岛全市地势低平，城市大致呈圆形分布；长崎则被众多小山和山脊隔断，形状极不整齐。在广岛，九万幢建筑中有六万幢毁于或严重损害于原子弹。而在长崎，五万二千幢建筑中只有一万四千幢被彻底摧毁，五千四百幢部分被毁。

不过，在两次爆炸中，离爆炸中心半径一公里之内的地域内，所有的人畜几乎立即死亡；在离爆炸中心半径一公里到二公里之间的地段，一些人畜立即死于巨大的爆炸和高温，但大多数是受重伤或只是表面受伤。不过，房屋及其他建筑全部被毁，而且到处起火。树木则被连根拔起，并因高温变得干枯。在离爆炸中心半径二公里到四公里之间的地段，人畜则受到窗玻璃碎片和其他碎片不同程度的伤害，许多人被高温灼伤，住房和其他建筑半数被爆炸所毁。

战后，在广岛市中心区中岛町原爆数据馆的墙上，挂有一幅巨大的照片，上面写着“原炸纪念物”。然而，这幅照片上只有几级岩石做的台阶，台阶上有一个成年人屁股大小的阴影。原来，这是一座银行大厦前面的台阶。爆炸发生时，有一个中年人坐在那儿等候一位朋友，不幸距离爆炸中心只有二百八十米。原子弹爆炸以后，这位中年人给烧得什么也没有剩下，只是在台阶上留下了他曾坐过的影子。

轰炸结束之后，在不同时期，人们统计的伤亡总数有很大出入。日本当局与美国调查小组的统计就有不同。其实，在第二次世界大战结束后三四十年间，死于原子弹爆炸后遗症的受难者人数要远远高出于当时统计的这些数字。

原子弹爆炸这一可怕的消息深深地震惊了它的创造者之一——哈恩。在发现铀分裂以前，哈恩丝毫没有预料到它会在实际中有所应用。在希特勒战败以后，反法西斯组织逮捕了哈恩，他被拘押在巴黎附近的一个美国特种流放监狱，后来又被转押到剑桥附近的格德曼彻斯特，就是在这里，他知道了自己大约七年前所进行的研究工作产生的严重后果。

看守人员告诉哈恩，美国人在日本广岛投下了一颗原子弹。当时，这位一向斥责希特勒种族歧视的科学家大声叫道："什么！十万人的生命被毁灭了？这真是太可怕了！"

在格德曼彻斯特，和哈恩一起被拘禁的还有九名德国物理学家，他们之中有海森堡，有参与铀计划的哈尔泰克等，还有冯·劳埃，虽然冯·劳埃一直是纳粹主义的公开反对者。今天，在英国警察局仍然保存着一份由窃听设备获得的秘密档案室里的记录，记录里有着被拘禁的德国科学家们获悉在广岛投了一颗原子弹以后，于八月六日晚上所进行的讨论。

在记录的起初，德国专家们并不相信这个报道，他们说："这不是原子弹，这可能是宣传。他们可能是有了某种新的爆炸物或者是超级炸弹，而给它取了个原子弹的名字。但这根本不是

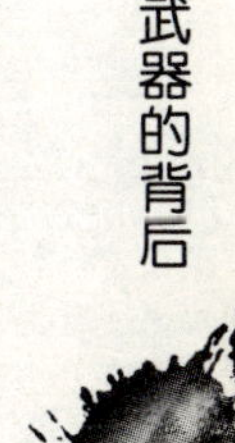

我们所说的那种原子弹。这和铀的问题丝毫没有关系……”到了当天晚上九点钟，无线电广播做了比较详细的报道。

到了这时候，对于德国科学家们来说，这是一个沉重的打击。就炸弹的物理学问题，他们争论了好几个钟头，并企图弄清它的机械构造。但是无线电广播的消息并未给他们提供足够的资料，于是德国科学家们估计美国人在广岛投下的是整整一个核反应堆……

其实，这些德国物理学家还被蒙在鼓里，他们并不知道，科学研究的成果一旦走出实验室以后，它们的技术应用是否会走向战场，它们又会带来怎样令人深恶痛绝的结果，而这都已经不以科学家们的主观意志为转移了。

纳粹德国的核武器之梦

现在，一旦提及第二次世界大战的结束，人们都会不约而同地想到核武器。相当大一部分人甚至认为，正是美国人及时研发出了核武器，才加速了纳粹法西斯灭亡的步伐，第二次世界大战结束的时间得以大大提前。多年以来，在人们的印象里，美国是世界上第一个研制出原子弹的国家。

在第二次世界大战结束多年以后，通过在德国东部以及英国、美国和俄罗斯发现的一些档案和一些相关人员及目击者的证词，人们才得知，其实，在第二次世界大战结束前夕，纳粹德国的物理学家和军方曾进行过三次大型的核武器试验，纳粹距离开发出核武器不过一步之遥。

一九四四年到一九四五年，第二次世界大战在欧洲战场进入最后的阶段。在苏联红军的猛烈打击下，德军节节败退，曾经不可一世的第三帝国处于风雨飘摇之中。在这样的情况下，希特勒多次鼓吹说德国人不会失败，军方已经研制出了一种“神奇武器”，一旦使用这种武器，德国人就可以击退苏军。

一九四四年年末，为了拉拢罗马尼亚继续与德国合作，在与罗马尼亚傀儡总统安东内斯库会面的时候，希特勒曾当面夸耀德国已经拥有了一种“神奇武器”，并称它可以消灭方圆三十四公里范围内的一切生命。

一九四五年三月，苏联红军进入德国境内，并推进到距德国首都柏林仅仅六十公里的地区。即使在这样的时候，纳粹党卫军头目希姆莱仍然乐观地对外宣称，德国人并没有输掉战争，如果德军使用“神奇武器”，“只要一、两次打击，纽约和伦敦就会消失”。一九四五年，当希特勒开始意识到自己的失败命运的时候，还在幻想靠这种“神奇武器”扭转乾坤。不仅如此，美、英、苏等国的情报人员也发现，纳粹德国一直在秘密研发一种威力巨大的武器，也就是原子弹。

据悉，当时，德国的物理学家找到了利用常规炸药爆炸产生超高温和超高压，因而实现核裂变的方法，并根据这一方法，设计制造出简易的核爆炸装置。这是一种重约两吨的圆柱形浓缩铀装置。

数据显示，一九四四年秋季，在德国北部的吕根岛，纳粹进行了第一次核试验；到了一九四五年三月，在德国东部的图林根州，纳粹又进行了另外两次试验。

档案解密以后，德国图林根州的奥尔德鲁夫市居民好像生活在火山上，一直感到忐忑不安。因为，一九四五年三月，正是在此地，纳粹德国科学家曾在这里进行了秘密的核试验。一位当地官员解释说："我们全都被吓坏了，生怕出现和切尔诺贝利一样的事情，毕竟谁也不想生活在核试验场上。"当时，纳粹引爆了一枚含有五公斤钚的炸弹，试验的直接牺牲品是七百名苏联战俘。

维尔纳太太是奥尔德鲁夫市的一位普通的居民。在第二次世界大战期间，她与当地纳粹驻军的关系不错。战后，维尔纳太太回忆说，当时，她家的地势比较高，从家中望出去，可以清清楚楚地看到纳粹设在图林根的试验场。一九四五年三月的一天，几个纳粹军官悄悄告诉她：这个地方很快将要发生一起"震惊全世界"的事件。果然，当天晚上，突然，一声巨响传来。与此同时，黑夜突然变成了白昼。维尔纳太太回忆起当时的情景，说："那天晚上，一股巨大的烟柱腾空而起，与此同时，天空瞬间亮了起来，人们甚至可以在窗口看清报纸上的小字。不仅如此，烟柱还迅速膨胀，很快就变得像一棵枝繁叶茂的大树，飘荡在天地之间。"

除了维尔纳太太，在爆炸以后，当地还有不少人亲眼见到纳粹党卫队在靶场上焚烧了几百具被严重灼伤的尸体。此事发生没多久，奥尔德鲁夫市发生了很多怪事：有的人连续头痛了两个星期，有人的鼻子经常出血。除了这些，在附近的林子里，居民们还发现了大片整齐倒下的树木。树木表面已经被严重烧焦。这些，其实都是核爆炸以后留下的后遗症。

其实，在战争期间，盟军方面已经知悉希特勒进行核武器试验的计划。不过，战后由于种种原因，希特勒核计划的全貌并未被披露。一直到了二十世纪六十年代，民主德国政府才在图林根地区发现了纳粹的原子弹结构图，这也是目前唯一已知的希特勒原子弹的设计草图。同时，数据还告诉我们，在纳粹德国时期，曾有数百名科学家参与了希特勒的核计划。

研究者们认为，事实上，纳粹德国在研发核武器的进展上，远远超过人们的想象。早在一九四二年，德国就拥有了世界上最先进的核技术。不过，希特勒最初并不相信能造出原子弹。一直到一九四三年末，前线德军不断败退，穷途末路的希特勒不得不将赌注押在研发新式武器上，想以此扭转战局。他亲自下令，增加对核武器研发项目的拨款。

纳粹的科学家们没有让希特勒失望，在短短的时间内，他们迅速造出了“原子弹”。不过，由于时间太短，设计上存在缺陷，这个炸弹的威力并不太大。大多数核物理专家都认为，按照现在的标准来看，纳粹科学家们造出的更可能是“脏弹”，而不是货真价实的原子弹。这种“脏弹”可以杀死方圆五百米以内的所有生物，并在附近的土地上造成放射性污染，但是，它的威力可就远远赶不上四个月后美国在新墨西哥州试爆的原子弹。

不过，即使是这样的“脏弹”，也已经给纳粹打了一支强心针。在后来的德国首都柏林被包围的日子里，纳粹核物理科学家们的情绪仍旧很高。他们告诉那些沮丧的德国工人，在党卫队的保险柜里，“有两颗可以帮助德国赢得战争的‘神奇武器’”。纳粹装备部长施佩尔也对手下说，德国已经拥有了一种新型的炸弹，这种武器非常神奇，虽然只有一个火柴盒大小，但却可以将纽约夷为平地。他鼓吹说：“如果我们能再坚持一年，就能赢得战争。”

在投降前的三个星期，纳粹领导人专门举行了一次会议，认真地讨论了与盟国进行小型核战争的方案，其中包括派出自杀飞行员，驾机携带“神奇武器”轰炸伦敦和巴黎。党卫队希望在东

线战场上，能够利用核弹打击已经对柏林形成包围态势的苏联红军，以拖延苏联对柏林的进攻步伐。

虽然德国人拟定了各种各样的计划，但是，在这时候，一切挣扎都是徒劳。当时，纳粹的科学家们已经没有足够的时间来收集充足的核原料以制造原子弹。结果，在奥尔德鲁夫原子弹试验的两个月后，希特勒的“第三帝国”就灭亡了。

一些研究者坚信，在战后，攻占了德国首都柏林的苏联红军得到了希特勒原子弹计划的全部研究成果。他们认为这正是冷战期间，苏联为何会在奥尔德鲁夫设立军事基地，并在当地实施高级保密制度的原因。据说，第二次世界大战欧洲战场结束不久，苏联的情报人员找到了参加一九四五年核试验的德国科学家季波涅尔教授，并从他那里得到了纳粹原子弹的全部信息。随后，苏联人全面接管了德国的核设施，大量德国核科学家被带到了苏联，继续进行原子弹研究。

不过，尽管有人证物证，但是在德国人的核武器问题上，科学家们仍然产生了分歧。一些德国研究机构的物理学家曾经自发地对奥尔德鲁夫的土壤样品进行了一次测试。这次测试的化验结果显示，当地的土壤放射性很高。同时，科学界们还在土壤中发现了铯和钴等放射性元素。不过，就在这次测试进行的两个月以后，德国政府派出专家队伍，在奥尔德鲁夫调查，得出了截然相反的结论。他们宣称当地土壤表面完全正常，没有发现任何当地曾进行过核试验的证据。然而，这些科学家还说，要做出最终的结论，还需要很长的时间进行全面调查。

实际上，无论是“希特勒率先拥有原子弹”说法的支持者还是反对者都一致认为：如果希特勒在上台后，没有将那些优秀的犹太科学家例如说爱因斯坦等人驱逐到国外或关进集中营，早在一九四一年，他就可能得到原子弹。尽管如此，到了第二次世界大战末期，纳粹德国的科学家还是具备了制造核武器的能力。让我们庆幸的是，这时候，希特勒已没有足够的时间生产和使用这种武器。否则，一旦这个战争狂人掌握这样具有破坏性的武器，从此以后，世界可能永无宁日！

第二次世界大战中的日本核武器之路

核武器面世以后，人们不但看到了核武器的巨大威力，也慢慢意识到了它的可怕之处。众所周知，第二次世界大战末期，美国在日本的长崎、广岛投下两颗原子弹。这两个城市被核武器彻底摧毁，无数平民被夺去生命。此后多年，原子弹辐射的后遗症也开始渐渐显示出来。其后果之严重，达到了匪夷所思的地步。

因此，各大拥有核武器的国家纷纷缔结条约，承诺绝不轻易使用核武器，并竭尽全力阻止核武器的扩散，其中，包括，限制其他国家发展核武器。所以，一直到现在，尽管很多国家的科技水平发生了日新月异的变化，他们仍然不能发展核武器。这其中，包括日本。

不过，很多人并不知道，其实在第二次世界大战期间，日本也在想尽办法研制核武器，他们甚至差半步就跨过了核武器的门槛。

早在一九四〇年的秋天，日本陆军军部经过仔细研究，认为造一颗原子弹是完全可行的。于是，日本陆军本部秘密下令，让

日本国内的物理化学研究所立即展开研制原子弹的计划。

然而，日本陆军的绝密核计划进展得十分缓慢。一九四五年四月，美军一架 B-29 重型轰炸机携带炸弹飞往日本执行任务，阴差阳错，炸弹偶然炸毁了仁科芳雄的热扩散分离设施。日本的原子弹研究受到了重挫。不过，日本陆军并没有因为这个挫折而死心，他们偷偷地把原子弹研究机构搬到了位于今天朝鲜的科南地区，还在这个绝密的机构里成功生产出一小部分的重水。第二次世界大战结束的时候，苏军的特种部队抢占了该区，日军还没来得及炸毁该处核研究机构，该机构就被苏联军队接管。不过，一些数据显示，事实上，日本人还是偷偷地带走了该机构中绝大部分技术数据，这为战后日本的核能利用打下了坚实的技术基础。

其实，不仅日本陆军在积极尝试研制原子弹，日本海军也曾成立核物理成就利用委员会。在太平洋战争爆发以前，日本军界上层有不少将领对原子弹非常感兴趣，其中的代表人物是安田武雄将军。

安田武雄毕业于日本东京大学，曾经担任过陆军航空技术研究所所长，后来担任日本的帝国空军参谋长。安田武雄是个狂热的战争分子，他非常关注其他国家在军事方面的科技进展情况，核裂变自然引起了他浓厚的兴趣。一九四〇年四月，安田武雄得知核裂变具有极大的军事潜力以后，立刻赶去探望自己的老师嵯峨良吉教授，并向他请教这一问题。嵯峨良吉曾经到过美国，在美国期间，他认识了不少年轻有为的物理学家，因此，他对核物理的最新发展比较了解。安田武雄请教以后，一再要求，让嵯峨良吉以书面形式，给日本陆军部递交了意见。嵯峨良吉在书面意见中指出，核物理的最新成就在军事领域潜力巨大。日本陆军大臣东条英机见到这个书面意见以后，立刻指示让专家研究这个问题。

一九四一年五月，安田武雄下令，让日本物理化学研究所讨论研制铀弹的可能性，这个计划由当时日本著名的核物理学家仁科芳雄教授负责。仁科芳雄接到命令以后，很快就在东京的实验室制造出一台小型回旋加速器。此后，他又根据美国物理学家欧内斯特·劳伦斯捐赠的设计蓝图，建造了第二台有二百五十吨磁铁的大型加速器。很快的，这个实验室就吸引了一百位日本青年科技人员投入到这项庞大的研究中来。在研究开始的最初两年，他们的主要精力都用于理论计算，比较各种区分铀同位素的方法和寻找铀矿。

到了一九四二年年初，美国在核武器方面的研究正在迅速进行。由于一些避难到美国的犹太科学家的帮助，美国在这方面已取得很大的进展。此时，日本海军也开始积极投入，致力于原子动力能的研制开发。海军部认为，研究核物理已成为当前日本海军的一项重要任务。日本的研究目标是通过核分裂取得能量，为部队的舰船和大型机械提供充足而巨大的动力源。为了实现这一目标，海军技术研究所专门成立了一个核物理成就利用委员会，负责追踪国外的研究进展情况。委员会成员有日本国内第一流物理学家如嵯峨良吉、荒胜文策、菊田正四等组成，仁科芳雄当选为委员会主席。

从委员会成立到一九四三年三月，委员会陆续召开了十次物理讨论会。经过多次讨论，委员会初步做出估计，制造一颗原子弹需要几百吨铀矿石分离出铀二三五，这大约要消耗日本全年发电量的十分之一和全国铜产量的二分之一。最后，委员会得出的结论是制造原子弹在理论上是可行的，但需要充足的时间，至少

是十年左右。与此同时，委员会还认为虽然日本在短期之内不能研发出原子弹，美国和德国也没有多余的工业能力可以及时生产出原子弹，以用于战争。日本海军部在确信短期之内核物理研究不能取得任何成果以后，便下令解散了这个委员会。

虽然委员会被取消，但仁科芳雄仍然继续在为陆军效力，研制原子弹。仁科芳雄的计划与美国“曼哈顿计划”十分相似，武器设计开发与生产铀二三五同步进行。一九四三年五月五日，仁科芳雄向日本空军司令部递交了一份报告书，指出制造原子弹在技术上也是可行的。紧接着，安田武雄又把报告转呈给已经成为首相的东条英机。东条英机在审阅了仁科芳雄的报告以后，立刻下令，指示空军司令部总务课长华岛，凡是仁科芳雄研发计划所需的资金、材料、人力，一律都要优先拨放。帝国空军司令部接到东条英机的指示以后，马上以仁科芳雄的报告为基础，批准了一个秘密计划，这一计划以负责人仁科芳雄的名字第一个音节命名，代号叫做“仁方案”。

仁科芳雄告诉总务课长华岛，“仁方案”面临的主要困难是铀，他希望日本的军队能够帮助他们找到足够的铀资源。华岛从一九四三年夏季起，派出一批又一批人，他们的足迹遍及日本列岛和朝鲜半岛各个有名的矿产地。华岛的手下带回来各种矿石标本，但都不含铀。

仁科芳雄非常失望，由于“仁方案”迫切需要大量氧化铀用来实验，因此，日本方面决定向德国求助。一九四三年年底，德国特意派出一艘潜艇，运送一吨铀矿石前往日本。不过，由于情报外泄，德国的潜艇被埋伏在马六甲海峡的美军击沉。在此之后，苏、德战场上，德国频频失利，自身难保，再也无法分身帮助日本了。

其实，由于各种各样条件的限制，“仁方案”从开始执行到一九四四年七月东条内阁垮台，一直处于实验室研究阶段，并没有取得任何重大的突破。后来，随着战局的恶化，日本原子弹的研究也更加紧张地进行。“仁方案”组开始进行分离铀同位素的试验。不过，一直到一九四五年年初，“仁方案”组先后进行了六次铀的分离试验，结果都以失败告终。

到了一九四五年春天，盟军在战场已经占据绝对的优势。从这时候开始，美军的远程轰炸机 B-29 开始大规模袭击日本本土城市。与此同时，“仁方案”组也在抓紧时间工作，分离铀二三五的试验慢慢出现成功的迹象。尽管“仁方案”组的许多成员都对这一成就感到欣喜若狂，仁科芳雄却并不乐观。他很清楚地知道，制造一枚原子弹，需要大量的铀，这就意味着试验必须得到庞大的技术设备和足够的铀矿石。然而，这一切随着日本战局的恶化已经很难实现。

仁科芳雄的担忧绝对不是杞人忧天。一九四五年四月十三日，美国的空军开始大规模轰炸东京。在这一轮轰炸中，日本的航空技术研究所四十九号楼被美国人炸毁，大楼里面的“仁方案”的实验室和铀同位素分离器也不能幸免。在这样的情况下，“仁方案”组再也已经无法继续研究。

不过，对于这一结果，日本政府方面是相当乐观的，他们认为美国也无法研制出原子弹。日本军方相信，只要日本能研制出核武器，就可以把美军赶下大海。七月二十二日，“仁方案”组里的几位物理学家与海军的高层将领举行了一次会议。在会议中，这些科学家对海军将领们说：“从理论上来说，制造出原子弹还是有可能的。但是，根据当前各方面的情况来看，要想在这次战争中使用原子弹，任何一个国家也办不到。”

具有讽刺意味的是，在此次会议召开前的七月十六日，美国的原子弹已经试爆成功。由于消息被严密封锁，日本当局并不知道。

到了八月六日，美国向广岛投放了原子弹“小男孩”，原子弹降临后，广岛成为一片废墟。仁科芳雄收到消息，马上带人赶去广岛，进行了现场检测。随后，仁科芳雄迅速向军方确认了这正是原子弹所为。日本军方得知这一消息后，几近疯狂，他们在大本营召集科学家们说：“一旦美军在日本登陆，日本军队和民兵将不惜任何代价，坚持抵抗六个月。如果你们能在此期间研制出原子弹，我们就可以把美军赶进大海。”

仁科芳雄沮丧地告诉军方，不要说六个月，就是六年也不够。此时的日本既无铀，又没电，什么也做不成。到此时，“仁方案”彻底破产。

“仁方案”破产以后，日本军方立刻下令，要求科学家们在战争结束时，销毁所有研制原子弹的档案，以减轻侵略战争的罪责。正是这一举动，在第二次世界大战结束以后，外界很少有人知道日本战争期间研制过原子弹。

如今，在日本广岛市的和平公园里，矗立着一座墓碑，上面刻着“但愿这一错误不再重复”。那么，“错误”二字做何解释呢？是指美国对日本进行的原子弹攻击，还是指第二次世界大战期间日本所走的战争道路呢？战后，日本一直把自己视为原子弹攻击的受害者，对南京大屠杀等侵略罪行却百般抵赖。日本的右翼势力不想对历史进行反思，那么，一旦他们再次重复“错误”，则必然受到历史的惩罚。

这只是一场事故吗？

一九四四年七月十七日的晚上十点二十分，美国旧金山北部三十五英里处的芝加哥港海军基地忽然发生了一场震撼世人的大爆炸。这次爆炸后果非常严重，几百名非裔黑人水兵被立即炸成灰烬，港口的地面上还留下了一个深达六十六英尺的巨坑。

大爆炸发生以后，举世震惊。美国官方迅速做出回应。官方宣称，这次爆炸只是一场由于疏忽而引发的事故。当时，海军基地码头上的集束炸弹或深水炸弹在装运过程中，不慎发生了爆炸，这一爆炸又引爆了附近几千吨的柴油机以及多达五千吨的军火弹药。官方的解释虽然让人们觉得半信半疑，但由于缺乏证据，也只能作罢。几十年后，越来越多浮出水面的“新证据”显示，那场爆炸绝对不是军火爆炸那么简单，而很可能是美国军方在本土进行的第一次秘密核爆炸试验！

最先提出核爆炸试验说法的人是美国一名叫做彼得·沃吉尔的调查者。沃吉尔在调查中还发现这样一件事情，当天晚上，在爆炸发生前的几个小时，一名空军官员曾接到上级的秘密命令，要他当晚秘密驾驶飞机对芝加哥港进行密切的观察。在那样黑暗的深夜中，芝加哥港有什么事情需要一位职位如此高的官员参加呢？一定是有某件重大的事情即将发生。而这位空军官员后来告诉人们，在爆炸发生时，他看到了蘑菇云和一道如同太阳一样耀眼的闪光。

另一份解密文件显示，一九四四年九月，美曾想邀请日本军方和政府要人目击在美国沙漠中发生的原子弹爆炸，以便令他们产生惧意，无条件投降，美国空军上校威廉斯·帕森斯在一份备忘录中写道："主要的困难是无法在纽约时代广场一千英尺高的空中进行测试，那儿显然人群密集，建筑林立，但在沙漠中显然又没有人居住。从我对芝加哥港的观察，我敢确保如果在沙漠中试爆，观测者的反应肯定会大失所望。"